"十二五"职业教育国家规划教材
经全国职业教育教材审定委员会审定

电线电缆制造设备电气控制

原理及应用

❖ 戚新波 主编

❖ 田 丰 仝战营 陈光高 副主编

U0218043

电子工业出版社
Publishing House of Electronics Industry
北京·BEIJING

内 容 简 介

本书是"十二五"职业教育国家规划教材,其内容是根据当前电线电缆设备电气控制的实际和未来发展安排的,既有传统的继电器/接触器控制线路,又有 PLC 和变频器电气控制,并对电线电缆设备电气控制线路进行了简要介绍,内容翔实、丰富,理论与实际紧密结合,案例多、内容新,体现了当前新技术的应用,符合应用型人才培养的需要。

本书可作为机械制造及自动化、机电一体化、数控技术、工业自动化等专业的教材,也可供电线电缆制造行业的工程技术人员参考使用。

图书在版编目(CIP)数据

电线电缆制造设备电气控制原理及应用 / 戚新波主编. —北京:电子工业出版社,2014.1

ISBN 978-7-121-22345-7

Ⅰ. ① 电… Ⅱ. ① 戚… Ⅲ. ① 电线—生产设备—电气控制—高等职业教育—教材 ② 电缆—生产设备—电气控制—高等职业教育—教材 Ⅳ. ① TM246

中国版本图书馆 CIP 数据核字(2014)第 006203 号

责任编辑:张剑(zhang@phei.com.cn)

印　　刷:北京天宇星印刷厂

装　　订:北京天宇星印刷厂

出版发行:电子工业出版社

　　　　　北京市海淀区万寿路 173 信箱　邮编　100036

开　　本:787×1 092　1/16　印张:14.25　字数:365 千字

版　　次:2014 年 1 月第 1 版

印　　次:2024 年 8 月第 7 次印刷

定　　价:49.00 元

凡所购买电子工业出版社图书有缺损问题,请向购买书店调换。若书店售缺,请与本社发行部联系,联系及邮购电话:(010)88254888。

质量投诉请发邮件至 zlts@phei.com.cn,盗版侵权举报请发邮件至 dbqq@phei.com.cn。

服务热线:(010)88258888。

前　言

电线电缆行业涉及电力、建筑、通信、制造等行业，与国民经济的各个部门都密切相关。电线电缆被称为国民经济的"动脉"与"神经"，是输送电能，传递信息，制造各种电机、仪器、仪表，实现电磁能量转换所不可缺少的基础性器材，是未来电气化、信息化设备的必要基础产品。

目前，我国电线电缆总产值已超过美国，成为世界上第一大电线电缆生产国。伴随着中国电线电缆行业的高速发展，行业整体技术装备水平也将得到大幅提高，这就亟需一大批相关设备维护人员。

本书是以电缆电缆生产过程为依据，结合岗位需求、具体设备及其常见故障，将理论和实际结合起来进行讲授的，可使学生在做中学、学中做、教学做合一；通过学习，可使学生具有使用、维护电线电缆制造设备电气控制系统的能力。

本书共分 8 个学习情境，主要内容包括电线电缆基础、常用电气控制原理及应用、电线电缆拉丝机设备及其电气控制系统维修、电线电缆绞线机设备及其电气控制系统维修、电线电缆挤出机设备及其电气控制系统维修、电线电缆成缆机及其电气控制系统维修、电线电缆制造辅助设备、电线电缆产品质量检验与测试。

本书由河南机电高等专科学校戚新波教授任主编，参加本书编写的有河南机电高等专科学校的田丰、仝战营、张超、赵斌、倪艳荣、赵筱赫、郭贝贝和张锐等；参加本书编写的企业人员有陈光高（教授级高级工程师，郑州电缆集团股份有限公司）、王建军（教授级高级工程师，广东威力电力器材有限公司）、温胜军（高级工程师，新疆特变电工股份有限公司）。

本书在编写过程中得到了远东电缆有限公司、亨通集团有限公司、郑州电缆集团股份有限公司、河南阳光实业集团、江苏富川机电有限公司、上海起帆电缆厂的大力支持和帮助，书中部分内容参考借鉴了上海鸿得利公司、安徽长江精工电工机械制造有限公司、东莞精铁机械有限公司、上海长航电缆有限公司和江苏富川机电有限公司等的产品资料，还有部分资料来自网络，对提供以上资料的单位和个人表示感谢。另外，特别感谢河南阳光实业集团吴清振先生、江苏富川机电有限公司的叶小平先生和上海起帆电缆厂高俊威先生对编者的大力支持，在此一并表示感谢。

限于编者水平，加之时间仓促，书中难免有疏漏与不足，敬请读者批评指正。

编　者

目　录

学习情境 1　电线电缆基础 ··· 1

　　任务 1　电线电缆认知 ·· 3

　　　1.1.1　行业概况 ··· 3

　　　1.1.2　电线电缆基础知识 ·· 4

　　任务 2　熟悉电线电缆的制造工艺 ·· 6

　　　1.2.1　电线电缆产品制造的工艺特性 ·· 6

　　　1.2.2　电线电缆的主要生产工艺 ··· 7

　　　1.2.3　塑料电线电缆制造的基本工艺流程 ··· 8

　　任务 3　了解电线电缆机械设备 ··· 9

　　任务 4　掌握电线电缆专用设备型号编制方法 ······································· 10

　　　1.4.1　设备型号组成 ··· 10

　　　1.4.2　设备型号表示方法及示例 ··· 16

　　任务 5　认识电线电缆机械设备的主要技术经济指标 ······························· 18

学习情境 2　常用电气控制原理及应用 ·· 21

　　任务 1　了解继电器-接触器控制系统的基本原理 ···································· 23

　　任务 2　掌握直流电动机调速控制基本方法 ··· 23

　　　2.2.1　直流电动机基础 ··· 24

　　　2.2.2　直流电动机控制 ··· 25

　　　2.2.3　直流电动机调速技术及其发展 ·· 26

　　任务 3　学习交流电动机调速控制原理 ·· 27

　　　2.3.1　常用的交流调速方案及其性能比较 ··· 27

　　　2.3.2　交流调速系统的发展趋势 ··· 29

　　任务 4　PLC 原理及应用的认知 ··· 31

　　　2.4.1　概述 ·· 31

　　　2.4.2　PLC 组成 ·· 33

　　　2.4.3　PLC 工作原理 ··· 34

　　　2.4.4　PLC 特点 ·· 43

　　　2.4.5　PLC 系统与继电器-接触器系统的比较 ·· 43

　　任务 5　学习变频器调速原理 ··· 46

　　　2.5.1　变频调速技术简介 ·· 46

　　　2.5.2　西门子 MM440 变频器的操作与控制 ·· 47

　　　2.5.3　其他常用变频器 ··· 52

　　　2.5.4　变频器的发展现状和趋势 ··· 56

学习情境 3　电线电缆拉丝机设备及其电气控制系统维修 ·············· 59

　任务 1　拉丝机设备及其工艺基础的认知 ························· 61

　　3.1.1　拉丝机的类型和特点 ······························· 62

　　3.1.2　拉丝机的组成及技术参数 ··························· 64

　任务 2　了解 LHD 铜大拉丝机的结构及原理 ·················· 68

　　3.2.1　设备组成 ······································· 68

　　3.2.2　结构特点 ······································· 69

　　3.2.3　技术参数 ······································· 69

　　3.2.4　设备电气控制原理 ································· 69

　任务 3　掌握小拉丝机（24D 立式拉丝机）的工作原理 ·········· 73

　　3.3.1　主要参数 ······································· 74

　　3.3.2　电气控制原理 ····································· 74

　任务 4　认知连续退火设备 ······························· 76

　　3.4.1　设备组成 ······································· 76

　　3.4.2　结构特点 ······································· 76

　　3.4.3　生产工艺说明 ····································· 77

　　3.4.4　设备控制电路原理 ································· 77

学习情境 4　电线电缆绞线机设备及其电气控制系统维修 ·············· 93

　任务 1　掌握绞线机基础知识 ····························· 95

　　4.1.1　导线的绞制及其工艺 ······························· 95

　　4.1.2　绞线机类型 ····································· 96

　任务 2　学习 JIK-6+12+18+24/500(630)框式绞线机工作原理 ····· 105

　　4.2.1　设备组成 ······································· 105

　　4.2.2　结构特点 ······································· 107

　　4.2.3　技术参数 ······································· 107

　　4.2.4　设备操作基础 ····································· 108

　　4.2.5　设备控制电路检修原理 ····························· 109

　任务 3　了解 FC-800B 型自动高速束丝机系统工作原理 ········· 116

　　4.3.1　主要性能参数 ····································· 116

　　4.3.2　电气控制原理图 ··································· 116

学习情境 5　电线电缆挤出机设备及其电气控制系统维修 ·············· 127

　任务 1　掌握塑料的包覆工艺与设备概况 ··················· 129

　任务 2　了解塑料挤出机组的基本结构 ····················· 136

　　5.2.1　设备组成 ······································· 138

　　5.2.2　设备控制电路原理 ································· 138

　　5.2.3　其他辅助装置 ····································· 141

　　5.2.4　挤出机常见故障处理 ······························· 143

　任务 3　学习橡胶挤出机的结构及工作原理 ················· 143

　　5.3.1　概述 ··· 143

　　　5.3.2　结构特点 ·· 144

　　　5.3.3　技术参数 ·· 144

　　　5.3.4　设备操作基础 ·· 145

　　　5.3.5　电气控制原理 ·· 145

　　　5.3.6　日常维护与检修 ·· 151

学习情境 6　电线电缆成缆机设备及其电气控制系统维修 ···························· 161

　任务 1　了解成缆机分类及作用 ·· 163

　　　6.1.1　笼式成缆机 ·· 163

　　　6.1.2　盘式成缆机 ·· 165

　任务 2　熟悉摇篮式成缆机 ·· 166

　　　6.2.1　设备组成 ·· 166

　　　6.2.2　结构特点 ·· 167

　　　6.2.3　技术参数 ·· 167

　　　6.2.4　各部件结构说明 ·· 167

　　　6.2.5　操作基础 ·· 170

　任务 3　了解盘绞式成缆机结构组成 ·· 170

　　　6.3.1　设备组成 ·· 170

　　　6.3.2　结构特点 ·· 171

　　　6.3.3　技术参数 ·· 171

学习情境 7　电线电缆制造辅助设备 ·· 181

　任务 1　了解放线设备结构及原理 ·· 183

　　　7.1.1　结构特点 ·· 183

　　　7.1.2　技术参数 ·· 184

　　　7.1.3　电气控制原理 ·· 184

　任务 2　学习收线设备基本工作原理 ·· 188

　　　7.2.1　概述 ·· 188

　　　7.2.2　电气原理 ·· 188

学习情境 8　电线电缆产品质量检验与测试 ·· 200

　任务 1　了解电线电缆质量检验基本知识 ·· 202

　任务 2　学习电线电缆测试方法 ·· 202

　任务 3　认知电线电缆测试仪器与设备 ·· 204

附录 A ·· 210

　A.1　常用电缆型号及命名方法 ·· 210

　　　A.1.1　电缆型号命名原则 ·· 210

　　　A.1.2　电缆型号案例解析 ·· 211

　　　A.1.3　电线电缆规格型号的含义 ·· 211

　A.2　电线电缆主要生产设备、型号及厂家 ·· 212

　A.3　主要电线电缆产品的生产设备和检测设备 ·· 216

学习情境 1　电线电缆基础

本学习情境任务单

学习领域	电线电缆基本知识		
学习情境	电线电缆基础	学时	10
布 置 任 务			
学习目标	☺ 了解和认识电线电缆行业现状及发展。 ☺ 掌握电缆电缆基础知识。 ☺ 理解电线电缆生产制造工艺及其检测设备。 ☺ 了解电线电缆的生产厂家。		
任务描述	☺ 初步了解电线电缆行业的发展背景和现状。 ☺ 掌握电线电缆的基础知识，为后续的学习打下基础。 ☺ 了解电线电缆行业标准。 ☺ 熟悉常用的电线电缆检测设备。 ☺ 熟悉电线电缆厂家及其产品。		

学时安排	资讯 1 学时	计划 1 学时	决策 1 学时	实施 5 学时	检查 1 学时	评价 1 学时
提供资料	☺ 河南阳光电缆集团 ☺ 上海起帆电缆公司 ☺ 江苏富川机电公司 ☺ 远东电缆集团公司 ☺ 王春江.电线电缆手册.北京：机械工业出版社，2008 ☺ 李秀中.电线电缆常用数据速查手册.北京：中国电力出版社，2010 ☺ 郭红霞.电线电缆材料——结构·性能·应用.北京：机械工业出版社，2012 ☺ 苑鸿兴.简明电线电缆应用手册.天津：天津大学出版社，2008					
对学生 的要求	☺ 严格遵守课堂纪律和工作纪律，不迟到，不早退，不旷课。 ☺ 上课时必须穿工作服，女生应戴工作帽，不许穿拖鞋上课。 ☺ 本情境工作任务完成后，需提交学习体会报告，要求另附。					

任务 1　电线电缆认知

1.1.1　行业概况

　　电线电缆行业在国民经济中是一个配套行业，但占据着中国电工行业 1/4 的产值。电线电缆产品种类繁多，应用范围十分广泛，涉及电力、建筑、通信、制造等行业，与国民经济的各个部门都密切相关。电线电缆还被称为国民经济的"动脉"与"神经"，是输送电能、传递信息和制造各种电机、仪器、仪表，实现电磁能量转换所不可缺少的基础性器材，是未来电气化、信息化社会中必要的基础产品。图 1-1 所示的是电线电缆工厂实景。

图 1-1　电线电缆工厂实景

　　电线电缆行业是中国仅次于汽车行业的第二大制造行业，产品品种满足率和国内市场占有率均超过 90%。在世界范围内，中国电线电缆总产值已超过美国，成为世界上第一大电线电缆生产国。伴随着中国电线电缆行业的高速发展，国内新增企业数量不断上升，行业整体技术水平得到大幅提高。

　　2012 年，中国电线电缆制造行业实现累计工业总产值约 5864 亿元，比上一年度增长了 30.26%；实现累计产品销售收入约 5429 亿元，比上一年度增长了 31.34%；实现累计利润总额约 267 亿元，比上一年度增长了 30.17%。

　　近年来，中国为改善经济结构，拉动内需，投入大量资金用于城乡电网建设与改造。全国电线电缆行业又有了良好的市场机遇，各地电线电缆企业抓住机遇，迎接新一轮城乡电网建设与改造。

　　中国经济的持续快速增长，为电线电缆产品提供了巨大的市场空间。随着中国电力工业、数据通信业、城市轨道交通业、汽车业及造船业等规模的不断扩大，对电线电缆的需求也将迅速增长，未来电线电缆业仍有巨大的发展潜力。图 1-2 所示的是电线电缆的生产制造现场。图 1-3 所示的是电线电缆行业研讨会现场。

图 1-2　电线电缆的生产制造现场

图 1-3　电线电缆行业研讨会现场

1.1.2 电线电缆基础知识

1. 基本概念

【电线】用于传导电能的载体。

【电线电缆】是指用于电力、通信及相关传输用途的材料。

> 〖电线与电缆的区分〗
>
> ☺ 电线：耐压 450V/750V、单根铜芯或单股多丝，常见的型号有 BV、BVVB、BLV、BLVVB、RV、RVS、RVV、RVVB、AVR、AVVR 等。
>
> ☺ 电缆：耐压在 450V/750V、600V/1kV、6kV/6kV、8.5kV/15kV、15kV 以上的都称为电缆。它以多根绝缘导线成缆而成，故称"电缆"。

图 1-4 所示为电线，图 1-5 所示为电缆。电线电缆主要包括裸线、电磁线及电机、电器用绝缘电线、电力电缆、通信电缆与光缆。

（a）电线

（b）电线盘

图 1-4　电线

图 1-5　电缆

2. 应用

电线电缆的应用主要分为如下三大类。

【在电力系统中的应用】　电力系统采用的电线电缆产品主要有架空裸电线、汇流排（母线）、电力电缆电线（塑料线缆、油纸力缆（基本被塑料电力电缆代替）、橡套线缆、架空绝缘电线）、分支电缆（取代部分母线）、电磁线，以及电力设备用电气装备电线电缆等。图 1-6

所示为远东 220kV 大截面交联电缆线路。图 1-7 所示为电力传输线。

图 1-6　远东 220kV 大截面交联电缆线路　　　　　　图 1-7　电力传输线

【在信息传输系统中的应用】　用于信息传输系统的电线电缆主要有市话电缆、电视电缆、电子线缆、射频电缆、光纤缆、数据电缆、电磁线、电力通信或其他复合电缆等。图 1-8 所示为信息传输系统用线缆。

图 1-8　信息传输系统用线缆

【在机械设备、仪器仪表系统中的应用】　此部分除架空裸电线外，几乎其他所有产品均有应用，但主要是电力电缆、电磁线、数据电缆、仪器仪表线缆等。

3．产品基本类别

电线电缆产品主要分为以下三大类。

【裸电线及裸导体制品】　本类产品的主要特征是纯的金属导体，无绝缘及护套层，如钢芯铝绞线、铜铝汇流排、电力机车线等。加工工艺主要是压力加工，如熔炼、压延、拉制、绞合/紧压绞合等。该产品主要用于城郊、农村、用户主线、开关柜等。图 1-9 所示的是裸导线。

图 1-9　裸导线

【电力电缆】 本类产品主要特征是在导体外挤（绕）包绝缘层（如架空绝缘电缆），或者多芯绞合（对应电力系统的相线、零线和地线，如 2 芯以上架空绝缘电缆），或者再增加护套层（如塑料绝缘电力电缆及橡套绝缘电缆）。主要的工艺技术有拉制、绞合、绝缘挤出（绕包）、成缆、铠装、护层挤出等，各种产品的不同工序组合有一定区别。该产品主要用于发、配、输、变、供电线路中的强电电能传输，通过的电流大（数十安培至数千安培）、电压高（220V 至 500kV 及以上）。图 1-10 所示的是电力电缆截面。图 1-11 所示的是 WDZN-YJY23 电缆产品结构说明。

图 1-10　电力电缆截面

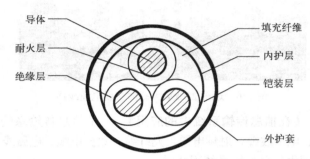

图 1-11　WDZN-YJY23 电缆产品结构说明

【电气装备用电线电缆】 该类产品主要特征是品种规格繁多，应用范围广泛，使用电压在 1kV 及以下较多，面对特殊场合不断衍生新的产品，如耐火线缆、阻燃线缆、低烟无卤/低烟低卤线缆、防白蚁/防老鼠线缆、耐油/耐寒/耐温/耐磨线缆、医用/农用/矿用线缆、薄壁电线等。

任务 2　熟悉电线电缆的制造工艺

电线电缆的制造与大多数机电产品的生产方式是完全不同的。机电产品通常采用将零件装配成部件，多个部件再装配成单台产品，产品以台数或件数计量。电线电缆是以长度为基本计量单位。所有电线电缆都是从导体加工开始，在导体的外围逐层地加上绝缘、屏蔽、成缆、护层等而制成电线电缆产品。产品结构越复杂，叠加的层次就越多。

1.2.1　电线电缆产品制造的工艺特性

1. 大长度连续叠加组合生产方式

大长度连续叠加组合生产方式对电线电缆生产的影响是全局性和控制性的，这涉及以下 3 个方面。

【生产工艺流程和设备布置】 生产车间的各种设备必须按产品要求的工艺流程合理排放，使各阶段的半成品顺次流转。设备配置要考虑生产效率的不同而进行生产能力的平衡，有的设备需要配置两台或多台，才能使生产线的生产能力得以平衡。设备的合理选配和生产场地的布置必须根据产品和生产量来平衡综合考虑。

【生产组织管理】 生产组织管理必须科学合理、周密准确、严格细致，操作者必须一丝不苟地按工艺要求进行操作，任何一个环节出现问题都会影响工艺流程的通畅，影响产品的质量和交货。特别是多芯电缆，如果某个线对或基本单元长度不足，或者质量出现问题，则整根电缆就会长度不够，造成报废；反之，如果某个单元长度过长，则会造成浪费。

【质量管理】 电线电缆的生产是一个系统化的工程，要遵循严格的质量管理标准，必须既遵循工厂车间的"6S"标准（整理、整顿、清扫、清洁、素养、安全），还要严格遵循电缆电缆行业的国家标准，二者缺一不可。大长度连续叠加组合的生产方式，使生产过程中任何一个环节发生问题就会影响整根电缆的质量。如果质量缺陷发生在内层，而且没有及时发现而终止生产，那么造成的损失就越大，因为电线电缆的生产不同于组装式的产品，无法拆开重装及更换零件。电线电缆的任一部件或工艺过程的质量问题，对这根电缆几乎是无法挽回和弥补的。事后的处理都是十分消极的，不是锯短就是降级处理，要么报废整条电缆，它无法拆开重装。

电线电缆的质量管理，必须贯穿整个生产过程。质检人员要对整个生产过程巡回检查，操作人自检，上下工序互检是保证产品质量，提高企业经济效益的重要保证和手段。

2．生产工艺门类多，物料流量大

电线电缆制造涉及的工艺门类广泛，从有色金属的熔炼和压力加工，塑料、橡胶、油漆等化工技术，纤维材料的绕包、编织等的纺织技术，到金属材料的绕包及金属带材的纵包，焊接的金属成型加工工艺等。

电线电缆制造所用的各种材料，不仅类别、品种、规格多，而且数量大。因此，各种材料的用量、备用量、批料周期与批量必须核定。同时，对废品的分解处理、回收、重复利用及废料处理必须作为管理的一个重要内容，要做好材料定额管理，重视节约工作。

在电线电缆生产过程中，从原材料及各种辅助材料的进出、存储，各工序半成品的流转到产品的存放、出厂，物料流量大，必须合理布局，动态管理。

3．专用设备多

电线电缆制造使用具有本行业工艺特点的专用生产设备，以适应线缆产品的结构和性能的要求，满足大长度连续并尽可能高速生产的要求，从而形成了线缆制造的专用设备系列，如挤出机系列、拉丝机系列、绞线机系列、绕包机系列等。

电线电缆的制造工艺和专用设备的发展密切相关，互相促进。新的工艺要求促进了新专用设备的产生和发展；反过来，新的专用设备的开发，又促进了新工艺的推广和应用。如拉丝、退火、挤出串联线，物理发泡生产线等专用设备促进了电线电缆制造工艺的发展，提高了电缆的产品质量和生产效率。

1.2.2　电线电缆的主要生产工艺

电线电缆主要是通过拉制、绞制、包覆 3 种工艺来制作完成的。型号规格越复杂，工艺重复性越高。

【拉制】 在金属压力加工中，在外力作用下使金属强行通过模具（压轮），金属横截面积被压缩，并获得所要求的横截面积形状和尺寸的技术加工方法称为金属拉制。拉制工艺分为单丝拉制和绞制拉制。

【绞制】 为了提高电线电缆的柔软度、整体度，让两根以上的单线按规定的方向交织在一起，称为绞制。绞制工艺分为导体绞制、成缆、编织、钢丝装铠和缠绕。

【包覆】 根据对电线电缆不同的性能要求，采用专用的设备在导体的外面包覆不同的材料。包覆工艺分为以下 4 种。

☺ 挤包：针对橡胶、塑料、铅、铝等材料。

☺ 纵包：针对橡皮、皱纹铝带材料。

☺ 绕包：针对带状的纸带、云母带、无碱玻璃纤维带、无纺布、塑料带等，线状的棉纱、丝等纤维材料。

☺ 浸涂：针对绝缘漆、沥青等。

1.2.3 塑料电线电缆制造的基本工艺流程

由于使用特性、敷设场合、工作条件的要求不同，电线电缆产品的结构组成也是多种多样的。电线电缆的基本结构一般是由导电线芯、绝缘层、保护层 3 部分组成。为了完成这三部分的组合，一般塑料电线电缆的制造流程如下所述。

1. 铜、铝单丝拉制

电线电缆常用的铜、铝杆材，在常温下，利用拉丝机通过一道或数道拉伸模具的模孔，使其截面减小，长度增加，强度提高。拉丝是各电线电缆公司的首道工序，拉丝的主要工艺参数是配模技术。

2. 单丝退火

铜、铝单丝在加热到一定的温度下，以再结晶的方式来提高单丝的韧性，降低单丝的强度，以符合电线电缆对导电线芯的要求。退火工序的关键是杜绝铜丝的氧化。

3. 导体的绞制

为了提高电线电缆的柔软度，以便于敷设安装，导电线芯采取多根单丝绞合而成。从导电线芯的绞合形式上可分为规则绞合和非规则绞合。非规则绞合又分为束绞、同心复绞、特殊绞合等。

为了减少导线的占用面积，缩小电缆的几何尺寸，在绞合导体的同时采用紧压形式，使普通圆形变异为半圆、扇形、瓦形和紧压的圆形（此种形式主要应用在电力电缆上）。

4. 绝缘挤出

塑料电线电缆主要采用挤包实心型绝缘层。塑料绝缘挤出的主要技术要求如下所述。

【偏心度】 挤出的绝缘厚度的偏差值是体现挤出工艺水平的重要标志，大多数的产品结构尺寸及其偏差值在标准中均有明确的规定。

【光滑度】 挤出的绝缘层要求表面光滑，不得出现表面粗糙、烧焦、杂质的不良质量问题。

【致密度】 挤出绝缘层的横断面要致密结实，无肉眼可见的针孔，杜绝气泡的存在。

5. 成缆

对于多芯的电缆，为了保证成型度，减小电缆的外形，一般都需要将其绞合为圆形。绞合的机理与导体绞制相仿，由于绞制节径较大，大多采用无退扭方式。

成缆的技术要求：一是杜绝异型绝缘线芯翻身而导致电缆的扭弯；二是防止绝缘层被划伤。

大部分电缆在成缆的同时伴随另外两个工序的完成：一个是填充，保证成缆后电缆的圆整和稳定；另一个是绑扎，保证缆芯不松散。

6. 内护层

为了保护绝缘线芯不被铠装所疙伤，需要对绝缘层进行适当的保护。内护层分为挤包内护层（隔离套）和绕包内护层（垫层）。绕包垫层代替绑扎带与成缆工序同步进行。

7．装铠

敷设在地下电缆，在工作中可能承受一定的正压力作用，此时可选择内钢带铠装结构。电缆敷设在既有正压力作用又有拉力作用的场合（如水中，垂直竖井或落差较大的土壤中），应选用具有内钢丝铠装的结构形式。

8．外护套

外护套是保护电线电缆的绝缘层，防止环境因素侵蚀的结构部分。外护套的主要作用是提高电线电缆的机械强度，防化学腐蚀、防潮、防水浸，阻止电缆燃烧等。根据对电缆的不同要求，利用挤塑机直接挤包塑料护套。

任务 3　了解电线电缆机械设备

在电线电缆生产过程中，凡是用于改变生产对象的形状、尺寸、性质、状态和位置的机械设备，称为电线电缆机械设备。如果它是专门用于加工电线电缆产品的机械设备，就称为电线电缆专用机械设备。

按照电线电缆工业生产工艺的需要，电线电缆机械设备包括铸锭、轧制、拉制、金属包制、镀制、导体绞制、缆芯绞制、元件绞制、挤制、压制、装铠、漆包、丝包、纸包、编织、制模、复绕等各类设备。每类设备又分为若干机型和单机，如拉制类分为滑动式等径轮拉丝机、滑动式塔轮拉丝机、非滑动式整体轮拉丝机、非滑动式双层轮拉丝机、拉轧式等径轮拉丝机。

在电线电缆机械设备中，尽管品种、规格繁多，用途各异，但它们一般都是由主机、牵引装置、收（排）线装置和放线装置等组成，如图 1-12 所示。

图 1-12　电线电缆机械设备基本结构示意图

【主机】　在电线电缆产品生产过程中，完成主要工序的机械。

【牵引装置】　拖动电线电缆产品向前运动的装置。

【收（排）线装置】　把电线电缆产品连续地收绕在线盘或其他盛线器具上的装置。

牵引装置、收（排）装置、放线装置等又可统称为辅助装置。辅助装置是辅助主机完成产品加工任务的装置，它与主机配套，组成制造电线电缆的专用机组或生产线。

随着电线电缆工艺的发展，近年来出现许多大型高速连续生产线，它与不同型号主机及其他辅助装置组成的电线电缆产品的专用设备，如连铸连轧生产线，拉制绞制生产线，拉制绝缘生产线等，可以大大提高劳动生产率。

在电线电缆生产线上设有必备的检测装置，在生产过程中可以直接进行检测或监控，也可以实现反馈调整，以保证产品质量。

电子计算机在电线电缆工业中的应用，是电线电缆机械设备自动化的发展方向，国外已普遍采用电子计算机控制生产过程，控制大型高速生产线，并出现了群控系统。在国家机电一体化方针指引下，国内有些电线电缆机械设备已采用电子计算机控制技术，并已取得较好的效果。

电线电缆机械设备是保证产品质量、提高劳动生产率、节约能源的重要基础。为适应电线电缆产品发展的需要，电线电缆机械设备正朝着高速度、自动化和生产连续化方向发展。

任务 4　掌握电线电缆专用设备型号编制方法

我国自行设计和制造的电线电缆专用设备的品种越来越多，质量要求越来越高。为适应行业发展需要，我国制定了电线电缆专用设备型号编制方法，这样既便于设计人员编制型号，方便管理，又利于使用部门根据需要合理地选用专用设备。

根据电线电缆行业标准《电线电缆专用设备系列型号》规定，电线电缆专用设备型号编制包括主机、机组、生产线、辅助设备、试验设备和模具的系列型号编制。

1.4.1　设备型号组成

设备型号由设备的类别、系列、型式、规格和设计序号组成。

【类别】　根据电线电缆产品的加工工艺特征和设备产品主要功能特征，电线电缆专用设备划分为 17 大类，类别代号用大写拉丁字母表示，见表 1-1。

【系列】　在同类设备中，按工作原理、结构特征或加工对象划分的系列、系列代号也用大写拉丁字母表示，见表 1-1。

【型式】　在同一系列设备中，按设备结构特点划分型式，在基型产品基础上，可以有派生产品，派生代号用大写拉丁字母表示。型式代号也用大写拉丁字母表示，见表 1-1。

【辅助装置】　按装置的工作原理或结构特征，辅助装置也分为类别、系列及型式，其代号用大写拉丁字母表示，见表 1-2。

表 1-1　电线电缆专用设备的类别、系列及型式

序号	类别		系别		型式		备注
	名称	代号	名称	代号	名称	代号	
1	铸锭（杆）	U	连续式	L	上引法型	Y	
					浸涂法型	J	
					轮带型	L	
			非连续式	—	—	—	
2	轧制	Z	横列式	H	—	—	
			直线式	Z	热轧	R	
					冷轧	L	
3	拉制	L	滑动式	H	塔轮	T	
					等径轮	D	
			非滑动式	F	整体轮	D	
					双层轮	S	
			拉轧式	Z	等径轮	D	
4	金属包制	B	纵包式	Z	—	—	铝包钢
			综合式	H			

10

序号	类别		系别		型式		备注
	名称	代号	名称	代号	名称	代号	
5	镀制	D	热镀	R	真空	Z	
					开放	K	
			电镀	D	立式	L	
					卧式	W	
6	导体绞制	J	束绞	S	横线盘型	H	
					直线盘型	Z	
			管绞	G	管型	G	
					弓型	B	
			笼绞	L	摇篮型	Y	
					叉型	C	
					筒型	T	
					框型	K	
7	缆心绞制	C	束绞	S	横式（收线盘）	H	
					竖式（收线盘）	Z	
			管绞	G	管型	G	
					弓型	B	
			笼绞	L	摇篮型	Y	
					平面型	P	
			盘绞	P	轮型	L	
					履带型	D	
					无牵引型	W	
			对绞	D	立式	L	
					卧式	W	
			左右绞	Z	—	—	
8	元件绞制	E	绞对	D	立式	L	
					卧式	W	
			星绞	X	立式	L	
					卧式	W	
			变位绞	B	左右向	S	
					变位	C	
9	挤制	S	挤塑	P	高温螺杆型	V	
					活塞型	F	
					低温螺杆型	H	
			挤橡	X	—	—	
10	压制	T	连续压制	L	螺杆型	K	
					柱塞型	S	
					柱轮型	L	
			非连续压制	F	柱塞型	S	
11	装铠	K	绞合	J	摇篮型	Y	
					盘绞型	P	
					左右绞型	Z	

序号	类别		系别		型式		备注
	名称	代号	名称	代号	名称	代号	
11	装铠	K	绕包	R	半切线式	B	
					同心式	T	
			纵包	Z	金属	—	平管、皱纹管为派生
					非金属	—	
12	漆包	Q	涂烘	H	立式	L	
					卧式	W	
			（电泳）	D	—	—	
13	丝包	R	涂烘	H	立式	L	
					卧式	W	
			绕包	R	—	—	
14	纸包	T	立式	L	同心型	T	
					半切线型	B	
			卧式	W	平面型	P	
					同心型	T	
					切线型	Q	
15	编制	P	八字式	B	立式	L	
					卧式	W	
			摆杆	G	立式	L	
					卧式	W	
			回归	H	立式	L	
16	制模	M	穿孔	K	激光	G	
					电火花	D	
			研磨	N	机械式	J	
					手工式	S	
			抛光	P	手工式	S	
					超声波式	Z	
					机械式	J	
			成型	X	超声波	Z	
			定径	G	机械式	J	
17	复绕	F	电缆	L	剥皮	B	
					检查分割	J	
					成卷	C	
					成盘	P	
					破碎	Q	
			金属丝	S	铁金属	G	
					非铁金属	T	
			金属带	P	铁金属	G	
					非铁属	T	
			并股	B	金属丝	G	
					非金属丝	T	
			切带	Q	金属	G	
					非金属	F	

表 1-2　辅助装置类别、系列及型式

序　号	类　别		系　列		型　式	
	名　称	代　号	名　称	代　号	名　称	代　号
1	熔炼炉	U	感应式	G	熔铜	T
					熔铝	L
			反射式	F	熔铜	T
					熔铝	L
			直热式	Z	熔铜	T
					熔铝	L
2	放线装置	F	静盘	J	主动式	Z
					从动式	B
			转盘	U	—	—
			立柱	Z	光轴	G
					端轴	D
			行车	X	—	—
			导轨	D	—	—
3	收(排)线(杆)装置	S	静盘	J	—	—
			立柱	Z	光轴	G
					端轴	D
			行车	X	—	—
			导轨	D	—	—
			柜式	G	对轴	D
					平行	P
4	成卷装置	C	轮式	N		
			导向式	Y		
			卷绕式	R		
5	牵引装置	Q	轮式	L	主动联动	W
					单独驱动	V
			轮带式	P		
			履带式	D	主机驱动	W
					单独驱动	V
6	退火装置	A	连续式	L	电阻式	D
					感应式	G
					水封式	S
7	绕包装置	R	普通式	A	非金属带	F
					金属带	G

序 号	类 别		系 列		型 式	
	名　称	代号	名　称	代号	名　称	代号
7	绕包装置	R	平面式	P	非金属带	F
					金属带	G
			半切线式	B	非金属带	F
					金属带	G
			切线式	O	非金属带	F
			同心式	T	非金属带	F
					金属带	G
8	印字装置	Y	接触轮式	Z		
			喷管式	N		
9	盘具装置	P	轨道	G		
			输送带	D	胶带	P
					链带	L
			机械手	J		
10	储线装置	W	摆杆	P		
			导轮	L	立式	L
					卧式	W
11	循环润滑装置	L			离心式	L
					滤带式	D
12	油膏填充装置	T				
13	轧头穿模装置	Z				
14	干燥装置	G	电热	D	热风式	F
			气热	K	蒸汽式	Z
15	送料装置	V			真空式	Z
					翻斗式	F
					螺旋式	L
16	焊接	H	电焊	D		
			冷压焊	L		
17	纵包	B				

【生产线】　按工艺特点或结构特点分为 5 大类，其代号用大写拉丁字母表示。生产线类别、代号及规格代号见表 1-3。

表 1-3　生产线类别、代号及规格代号

序 号	类 别	系 列	型 式
1	连铸连轧		
1.1	上引法型	UY＋Z	容量 T＋辊径（mm）/个数
1.2	浸涂法型	UY＋Z	容量 T＋辊径（mm）/个数
1.3	带轮法型	UL＋Z	结晶轮径（mm）＋辊径/个数

序 号	类 别	系 列	型 式
2	拉制绞制（束）生产线	L＋J	拉制机规格 ＋ 束绞机规格
3 3.1 3.2	拉制绝缘生产线 拉制漆包 拉制挤塑	L＋Q L＋S	拉制机规格 ＋ 漆包机规格 拉制机规格 ＋ 挤出机规格
4	对绞成缆（单位绞）生产线	HJ＋C	放线盘 d_1/个数 ＋ 收线盘 d_1
5	挤制铠装生产线	S＋K	挤出机规格 ＋ 装铠机规格

注：d_1 为线盘直径。

【规格】 用主要参数表示设备的规格，主参数是代表电线电缆专用设备结构特征或功能特征的参数，主参数为阿拉伯数字，一般只选定一个主参数，不能满足时可以增选，主机及机组的主参数项目及规格组成见表 1-4，辅助装置的主参数及规格组成见表 1-5。

【设计序号】 在专用设备型号尾部加缀"—"和阿拉伯数字组成，表示设计顺序。设备改进或改型的代号由符号"1"和阿拉伯数字组成。

【组合代号】 组合代号由大写拉丁字母加括号组成。

【规格代号】 应符合表 1-4 及表 1-5 所规定的组合。

表 1-4　主机、机组类别、规格及组成

序 号	主机类别		主参数项目及规格组成	备 注
1	铸锭（杆）	YD 型 L 型	杆材直径（mm） 结晶轮直径（mm）	
2	轧制		轧辊直径（mm）/个数	
3	拉制		定径轮直径（mm）/拉伸道数/进线头数	若只有一个进线道次，则省略
4	金属包制		待定	
5	镀制		最大线径（mm）/头数	
6	绞制	JS JG JL	d_1　收线盘（mm） 放线盘（mm）/个数 放线盘（mm）/个数及配置/等分值	
7	成缆	CS, CP CC, CZ CD	d_1　收线盘（mm） 放线盘（mm）/个数	
8	元件绞制	ED, EX EB	d_1　放线盘（mm） 放线盘（mm）/个数	
9	挤制	a　单模制 b　分模制 c　共模制 d　分模，共模制	螺杆直径（mm）/长径比 单模规格＋单模规格 单模规格－单模规格 用 b 和 c 联合表示	
10	压制	S 型 K 型 L 型	总压力 daN/柱器个数 螺杆直径 mm 待定	1da＝10N
11	装铠 KJ 系列	Y 型 P 型 Z 型 KR 系列 KZ 系列	d_1　放线盘（mm）/个数及配置 收线盘（mm） 放线盘（mm）/个数 带盘直径（mm）×内宽（mm） 带宽（推荐）	
12	漆包		线径序号/炉数–头数/涂漆道数	
13	丝包		线径序号/头数（推荐）	
14	纸包		承带宽直径（mm）/个数	
15	编织		锭数/锭盘直径×内宽 mm	

序　号	主　机　类　别		主参数项目及规格组成	备　注
16	制模	MK MN MP 系列　S、J 型 　　　　　　Z 型 MX 系列 MG 系列	待定 待定 待定 功率（W） 功率（W） 待定	
17	复绕	FL，FG 系列 FS，FP，FC FB	d_1　待定 收线盘（mm） 头数/锭盘直径×内宽	

表 1-5　辅助装置系列、规格及组成

序　号	装　置　系　列		主参数及规格组成	备　注
1	熔炼		容量 T	
2	收、放线	FZ，SZ FX，SX，FD，SD FG，SG，FJ，SJ	线盘直径 d_1（mm）、最大 d_1 和最小 d_1 最小 d_1、最大 d_1 和最大载重 d_1/个数	
3	成卷		线径/卷内经×外径	
4	牵引	QL QD QP	轮径（mm）/个数 最大牵引力（daN） 牵引轮直径（mm）/带轮直径（mm）/个数	若只有一个进线道次，则省略
5	退火	AD AG，AS	退火轮直径（mm/kV·A） 功率（kV·A）	
6	绕包		带盘直径（mm）/个数	
7	印字		线速度（m/min）/字轮个数	
8	盘具搬运		待定	
9	储线	CP CL	配重（kg） 导轮直径（mm）/个数/导轮中心距（mm）	
10	循环润滑			
11	油膏			
12	轧头穿模			
13	干燥装置	GD GK	功率（kV·A） 待定	
14	送料装置	Z 型 F，L 型	输送装置（kg/A） 待定	
15	焊接	D 型 J 型	电流（A） 压力（daN）	
16	纵包装置		待定	

1.4.2　设备型号表示方法及示例

1．主机型号组成表示方法

主机型号的组成及表示方法如图 1-13 所示。

〖示例〗

（1）滑动式拉丝机，塔轮型，定径轮直径为 120mm，拉伸道数为 21，进线头数为 1 或 4，第一次设计，表示为：

　　1 头者：LHT—1　120/21（1 头进线的 1 省略）

　　4 头者：LHT—1　120/21/4

第一次设计后有改进或改型时，分别表示为"LHT—1/1 120/21"或"LHT—1/1 120/21/4"

（2）塑料挤出机，低温螺杆型，螺杆直径为65mm，长径比为25，第一次设计，表示为：

单一机头：SPV—1 65/25

与30/25挤出机共模挤出：SPV—1 65/25－30/25

与90/25挤出机分模挤出：SPV—1 65/25＋90/25

第一次设计后有改进或改型时，分别表示为"SPV—1/1 65/25"或"SPV—1/1 65/25－30/25"或"SPV—1/1 65/25＋90/25"。

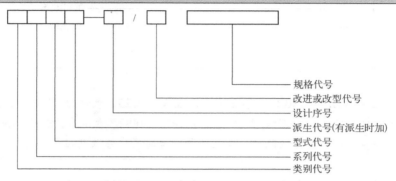

规格代号
改进或改型代号
设计序号
派生代号(有派生时加)
型式代号
系列代号
类别代号

图 1-13　主机型号组成及表示

2. 机组

机组型号组成及表示方法如图 1-14 所示。

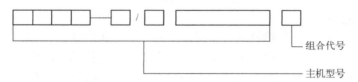

组合代号

主机型号

图 1-14　机组型号组成及表示

〖示例〗

（1）主机为 LHT—1 120/21，有收、放线、储线装置，表示为：

带连续退火装置者：LHT—1 120/21（A）

其他辅助装置的组合变化，按（C），（D）……类推。

（2）主机为 SPV—1 65/25，有收、放线装置，水槽、牵引装置，表示为：

带火花检验装置者：SPV—1 65/25（A）

不带火花检验装备者：SPV—1 65/25（B）

其他辅助装置的组合变化，按（C），（D）……类推。

（3）主机为 SPV—1 65/25＋120/20－90/20，有蒸汽交联装置和其他必须的辅助装置，表示为：

L 型牵引装置者：SPV—1 65/25＋120/20－90/20（A）

D 型牵引装置者：SPV—1 65/25＋120/20－90/20（B）

其他辅助装置的组合变化，按（C）、（D）……类推。

3. 生产线

生产线号组成比表示方法如图 1-15 所示。

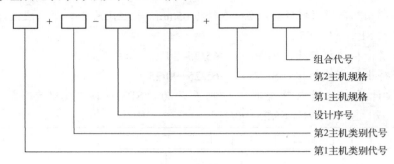

图 1-15 生产线组成及表示

〖示例〗
（1）第一主机为 LTH 250/17，第 2 主机为 SPV 65/25，表示为"L+S 250/17+62/25"
（2）第一主机为 SPV 150/25，第 2 主机为 KRB 800/2，表示为"S+K 150/25+800/2"
（3）设计序号，设计改进或改型，以及不同组合时的代号及其位置，与主机规定相同。

任务 5 认识电线电缆机械设备的主要技术经济指标

评价电线电缆机械设备（以下简称"机械设备"）的优劣，主要依据下述技术经济指标。这些指标也是设计机械设备要达到的具体要求。

1. 工艺的可能性

机械设备的工艺可能性是指机械设备适应不同生产要求的能力，如拉丝机是指所拉伸线材种类、材料及尺寸范围。一般说来，工艺范围窄，机械结构简单，生产效率高；工艺范围宽，将导致机械结构变得复杂。在设计中，应根据具体情况合理缩小其工艺范围，以便提高生产效率，保证质量，简化机械结构，降低成本。

2. 生产效率和自动化程度

机械设备的生产效率是指单位时间内完成加工成品或半成品的数量，常用的单位有 m/min、m/s、r/min 等，随零件的计量和计时单位而定。

要提高机械的生产效率，必须缩短加工时间，提高机械的转速，缩短加工辅助时间，提高机械化、自动化程度。因此，机械设备上采用计算机控制、自动控制等均可提高其生产效率。

3. 操作维护方便，使用安全可靠

电线电缆机械的操纵、观察、调整应方便省力，维护简单，并易于查找故障，以便进行修理。部件便于拆装，并便于安装和运输。

使用安全方面包括操作者安全，误动作的防止，超载的保护，有关动作的互锁等。

4. 三化程度

三化是指机械设备品种系列化、零部件通用化和零件的标准化。提高三化程度，发展机械设备品种、规格、数量，对于机械设备的制造、使用与维修，对于新产品的设计和老产品的革新等方面都具有重要意义。三化是我国重要的技术政策，也是产品设计的方向，系列化包括机械设备参数的制定、系列型谱的编制和产品系列的设计，其目的是使用最少规格和型式的机械设备，最大程度地满足国民经济各部门的需要。

不同类型的机械设备采用相同的零部件称为零部件通用化，这样可使零部件品种减少，生产批量增加，便于组织生产，降低机械设备成本，缩短制造周期，加快机械设备品种的发展。

在机械设备的零部件设计中，应尽量采用国家规定的标准零件，称为零件标准化。标准件可以外购或按国家标准制造。据统计，由专业厂大量生产和提供的紧固件，其成本可降到约 1/4，材料利用率可达 85%，工时降低到原工时的 1/20，占用车间设备的时间减少约 10%，大大节省了设计和制造工作量。

机械设备的三化之间有着密切的联系，零部件通用化依赖于生产品种系列化，而通用化和标准化又推动系列化的发展，只有产品系列化才能使通用化和标准化有可靠的发展基础。

5．噪声

由于机械设备的功率和运行速度越来越高，噪声污染也越来越严重。噪声会损伤人的听觉器官、知觉和生理功能，是一种公害，必须采取措施予以降低。机械设备的噪声问题已成为制造和设计中的一个重要问题。

根据工业企业噪声卫生标准的规定，工业企业的生产车间和作业场所的工作地点的噪声标准为 85dB，现在工业企业经过努力暂时达不到标准时，可适当放宽，但不得超过 90dB。

机械设备噪声是由电动机和一些回旋零件所造成的，噪声可直接从这些零件发出，并通过周围的结构加以放大，因此应从噪声源和隔声两方面着手降低噪声。首先应找出机械最主要噪声源，再采取降低噪声的措施，并根据噪声的吸收/降低原理采取隔声措施，出厂的电线电缆设备并不是每台均进行噪声检查，因此应在设计和制造中设法降低噪声，以保证出厂的机械设备不超过规定标准。

6．经济效益

对于机械设备的经济效益，不仅要考虑机械设计和生产的经济效益，更重要的是要从用户的角度出发，提高机械设备使用厂的经济效益。

对于机械设备生产厂的经济效益，主要反映在机械设备成本上。机械设备的成本不仅包括材料、加工制造费用，而且还包括研制和管理费用。管理水平的高低是直接影响机械设备成本的重要因素之一，必须重视并努力降低成本。

对于机械设备使用厂来说，首先考虑的是机械的生产效率和可靠性，要使机械能够充分发挥其效能，减少能源损耗，提高机械效率。

在设计时，对于上述的各项技术经济指标应进行综合考虑，并应根据不同需求有所侧重。

学习情境 2　常用电气控制原理及应用

本学习情境任务单

学习领域	常用电气控制系统		
学习情境	常用电气控制原理及应用	学时	12
布　置　任　务			
学习目标	☺ 了解目前常见的电气控制系统。 ☺ 理解继电器–接触器控制系统的特点和应用场合。 ☺ 掌握直流电动机和交流电动机调速控制的方法和特点。 ☺ 掌握 PLC 和变频器控制的基本结构和原理。		
任务描述	☺ 看懂继电器–接触器控制系统的结构和原理图。 ☺ 掌握直流电动机和交流电动机调速控制的方法和特点。 ☺ 会用 PLC 设计简单的控制系统。 ☺ 理解 PLC 与继电器–接触器系统的区别。		

学时安排	资讯 1 学时	计划 1 学时	决策 1 学时	实施 7 学时	检查 1 学时	评价 1 学时
提供资料	☺ 河南阳光电缆集团 ☺ 上海起帆电缆公司 ☺ 江苏富川机电公司 ☺ 上海兆年重工集团 ☺ 安徽长江精工电工机械制造有限公司 ☺ 上海鸿得利重工公司 ☺ 东莞市精铁机械有限公司 ☺ 昆山市宏泰机电设备有限公司 ☺ 杭州三普机械有限公司 ☺ 于润伟. 机床电气系统检测与维修. 北京：高等教育出版社，2009 ☺ 邱彦龙. 机床维修技术问答. 北京：机械工业出版社，2006 ☺ 周建清. 机床电气控制. 北京：机械工业出版社，2008 ☺ 姚绪梁. 现代交流调速技术. 哈尔滨：哈尔滨工程大学出版社，2009 ☺ 宋书中，常晓玲. 交流调速系统. 北京：机械工业出版社，2012 ☺ 何超. 交流变频调速技术. 北京：北京航空航天大学出版社，2012					
对学生 的要求	☺ 实施过程中，要爱护工具和仪表，损坏设备应照价赔偿。 ☺ 严格遵守课堂纪律和工作纪律，不迟到，不早退，不旷课。 ☺ 上课时必须穿工作服，女生应戴工作帽，不许穿拖鞋上课。 ☺ 树立职业意识，并按照企业的"6S"（整理、整顿、清扫、清洁、素养、安全）质量管理体系要求自己。 ☺ 本情境工作任务完成后，需提交学习体会报告，要求另附。					

任务 1　了解继电器–接触器控制系统的基本原理

继电器–接触器控制系统是由接触器、继电器、主令电器和保护电器按照一定的控制逻辑接线组成的控制系统。其工作原理是采用硬接线逻辑，利用继电器触点的串联或并联，以及延时继电器的滞后动作等组成控制逻辑，从而实现对电动机或其他机械设备的启动、停止、反向、调速，以及多台设备的顺序控制和自动保护功能。

继电器–接触器控制系统是由接触器、继电器、主令电器、保护电器及控制线路等组成的。其作用就是根据外界施加的信号和要求，自动或手动地接通或断开电路，断续或连续地改变电路参数，从而实现对电路或非电对象的切换、控制、检测、保护和调节。图 2-1 所示为三相异步电动机的丫/△启动继电器–接触器控制电路。

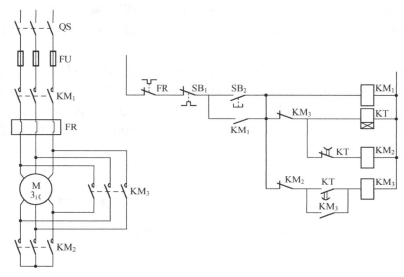

图 2-1　三相异步电动机的丫/△启动

〖特点〗　结构简单，价格便宜，能满足一般生产工艺要求。

〖适用场合〗　由于继电器–接触器控制系统具有操作简单、直观，维护、调整方便，现场人员容易掌握使用等优点，被广泛用于工矿企业的生产控制系统中。但随着 PLC 技术的发展和应用，继电器–接触器控制系统已逐渐被 PLC 控制系统所取代。

任务 2　掌握直流电动机调速控制基本方法

电动机作为最主要的机电能量转换装置，其应用范围已遍及国民经济的各个领域。无论是在工农业生产、交通运输、国防、航空航天、医疗卫生、商务和办公设备中，还是在日常生活的家用电器和消费电子产品（如电冰箱、空调、DVD 等）中，都大量使用着各种各样的电动机。据资料显示，在所有动力资源中，90%以上来自电动机。同样，我国生产的电能

23

中有 60%是用于电动机的。电动机与人的生活息息相关，密不可分。在电气时代，电动机的调速控制一般采用模拟法，对电动机的简单控制应用比较多。简单控制是指对电动机进行启动、制动、正/反转控制和顺序控制，这类控制可通过继电器、可编程控制器和开关元件来实现。还有一类控制称为复杂控制，是指对电动机的转速、转角、转矩、电压、电流、功率等物理量进行控制。

2.2.1　直流电动机基础

　　直流电动机一般可分为电磁式和永磁式两种。电磁式电动机除了必须给电枢绕组外接直流电源外，还要给励磁绕组通以直流电流，用以建立磁场。电枢绕组和励磁绕组可以用两个电源单独供电，也可以由一个公共电源供电。按励磁方式的不同，直流电动机可以分为他励、并励、串励和复励等形式。由于励磁方式不同，它们的特性也不同。

　　【他励电动机】　他励电动机的励磁绕组和电枢绕组分别由两个电源供电，如图 2-2 所示。他励电动机由于采用单独的励磁电源，设备较复杂。但这种电动机调速范围很宽，多用于主机拖动中。

　　【并励电动机】　并励电动机的励磁绕组是与电枢绕组并联后由同一个直流电源供电，如图 2-3 所示，这时电源提供的电流 I 等于电枢电流 I_a 和励磁电流 I_f 之和，即 $I=I_a+I_f$。

　　并励电动机励磁绕组的特点是导线细、匝数多、电阻大、电流小。这是因为励磁绕组的电压就是电枢绕组的端电压，这个电压通常较高；励磁绕电阻大，可使 I_f 减小，从而减小损耗。由于 I_f 较小，为了产生足够的主磁通，就应增加绕组的匝数。由于 I_f 较小，可近似为 $I \approx I_a$。

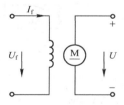

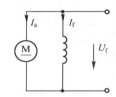

图 2-2　他励电动机　　　　　图 2-3　并励电动机

　　并励直流电动机的机械特性较好，在负载变化时，转速变化很小，并且转速调节方便，调节范围大，起动转矩较大，因此应用广泛。

　　【串励电动机】　串励电动机的励磁绕组与电枢绕组串联后接直流电源，如图 2-4 所示。串励电动机励磁绕组的特点是其励磁电流 I_f 就是电枢电流 I_a，这个电流一般比较大，所以励磁绕组导线粗、匝数少，它的电阻也较小。串励电动机多于负载在较大范围内变化的和要求有较大起动转矩的设备中。

　　【复励电动机】　这种直流电动机的主磁极上装有两个励磁绕组，一个与电枢绕组串联，另一个与电枢绕组并联，如图 2-5 所示。复励电动机的特性兼有串励电动机和并励电动机的特点，所以也被广泛应用。

　　【永磁电动机】　这种直流电动机没有励磁绕组，直接以永久磁铁建立磁场来使转子转动。这种电动机在许多小型电子产品上广泛应用。

　　在以上几种类型的直流电动机中，以并励直流电动机和他励直流电动机应用最为广泛。

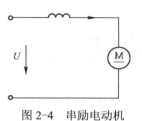

图 2-4　串励电动机

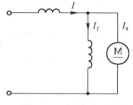

图 2-5　复励电动机

2.2.2　直流电动机控制

在控制中，首先需要建立控制对象的数学模型，然后进行控制方式的分析。下面简要介绍直流电动机数学模型的构建，直流电动机的等效电路如图 2-6 所示。

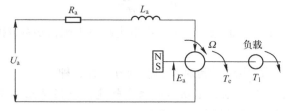

图 2-6　直流电动机等效图

电路的电压平衡方程和力矩平衡方程为

$$U_\mathrm{a} = R_\mathrm{a}I_\mathrm{a} + L_\mathrm{a}\frac{\mathrm{d}I_\mathrm{a}}{\mathrm{d}t} + E_\mathrm{a} \tag{2-1}$$

$$J\frac{\mathrm{d}\Omega}{\mathrm{d}t} = T_\mathrm{e} - T_\mathrm{l} - K_\mathrm{D}\Omega \tag{2-2}$$

式中，U_a 为电源电压；I_a 为电枢电流；R_a 为电枢电阻（包括电刷、换向器，以及二者之间的电阻）；L_a 为电枢电感；E_a 为电枢反电动势；J 为转动惯量；Ω 为转动的角速度；T_e 为电磁转矩；T_l 为负载转矩；K_D 为转动部分的阻尼系数。

永磁直流电动机的电枢反电动势可表示为

$$E_\mathrm{a} = K_\mathrm{e}\Omega \tag{2-3}$$

式中，K_e 为反电动势常数。

电磁转矩为

$$T_\mathrm{e} = K_\mathrm{T}I_\mathrm{a} \tag{2-4}$$

式中，K_T 为电磁转矩常数。

直流电动机动态工作特性是指实际的动作与相应的动作命令之间的响应关系。将式（2-1）、式（2-2）、式（2-3）和式（2-4）作拉氏变换，得到如下函数：

$$U_\mathrm{a}(s) = R_\mathrm{a}I_\mathrm{a}(s) + L_\mathrm{a}SI_\mathrm{a}(s) + E_\mathrm{a}(s)$$

$$JS\Omega(s) = T_\mathrm{e}(s) - T_\mathrm{l}(s) - K_\mathrm{D}S\Omega(s)$$

$$E_\mathrm{a}(s) = K_\mathrm{e}\Omega(s)$$

$$T_\mathrm{e}(s) = K_\mathrm{T}I_\mathrm{a}(s)$$

上式可以用图 2-7 所示的框图表示。

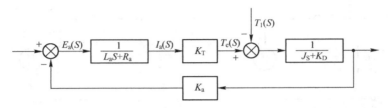

图 2-7　直流电动机动态工作特性

2.2.3　直流电动机调速技术及其发展

直流电动机转速 n 的表达式为

$$n = \frac{U - IR}{K\Phi} \qquad (2-5)$$

式中，U 为电枢端电压；I 为电枢电流；R 为电枢电路总电阻；Φ 为每极磁通量；K 为与电动机结构有关的常数。

由式（2-5）可知，直流电动机转速 n 的控制方法有 3 种：

☺ 调节电枢电压 U：改变电枢电压从而改变转速，属恒转矩调速方法，动态响应快，适用于要求大范围无级平滑调速的系统。

☺ 改变电动机主磁通：只能减弱磁通，使电动机从额定转速向上变速，属恒功率调速方法，动态响应较慢，虽能无级平滑调速，但调速范围小。

☺ 改变电枢电路电阻 R：在电动机电枢外串电阻进行调速，只能有级调速，平滑性差、机械特性软、效率低。

改变电枢电路电阻的方法缺点很多，已很少采用；弱磁调速范围不大，往往与调压调速配合使用；目前，自动调速系统以调压调速为主。

改变电枢电压主要有 3 种方式，即旋转变流机组、静止变流装置、脉宽调制（PWM）变换器（或称直流斩波器）。

【旋转变流机组】　用交流电动机和直流发电机组成机组，以获得可调直流电压，简称 G-M 系统，国际上统称 Ward-Leonard 系统，这是最早的调压调速系统。G-M 系统具有很好的调速性能，但系统复杂、体积大、效率低、运行有噪声、维护不方便。

【静止变流装置】　20 世纪 50 年代，开始用汞弧整流器和闸流管组成的静止变流装置取代旋转变流机组，但到 50 年代后期又很快让位于更为经济可靠的晶闸管变流装置。采用晶闸管变流装置供电的直流调速系统简称 V-M 系统，又称为静止的 Ward-Leonard 系统。通过控制电压的改变来改变晶闸管触发延迟角 α，进而改变整流电压 U_d 的大小，从而达到调节直流电动机转速的目的。V-M 系统在调速性能、可靠性、经济性上都具有优越性，已成为直流调速系统的主要形式。

【脉宽调制（PWM）变换器】　又称为直流斩波器，是利用功率开关器件的通/断实现控制的，调节通/断时间比例，将固定的直流电源电压变成平均值可调的直流电压，也称为 DC-DC 变换器。

绝大多数直流电动机采用开关驱动方式。开关驱动方式是使半导体功率器件工作在开关状态，通过脉宽调制（PWM）来控制电动机电枢电压，从而实现调速。

任务3 学习交流电动机调速控制原理

对于可调速的电力拖动系统，工程上往往将其分为直流调速系统和交流调速系统两类。这主要是根据采用何种电流制形式的电动机来进行电能与机械能的转换而划分的。所谓交流调速系统，就是以交流电动机作为电能—机械能的转换装置，并对其进行控制以产生所需要的转速。

纵观电力拖动的发展过程，交、直流两大调速系统一直并存于各个工业领域，虽然由于各个时期科学技术的发展使得它们所处的地位有所不同，但它们始终是随着工业技术的发展，特别是随着电力电子元器件的发展而在相互竞争的。在过去很长一段时期，由于直流电动机的优良调速性能，在可逆、可调速与高精度、宽调速范围的电力拖动技术领域中，几乎都是采用直流调速系统的。然而由于直流电动机其有机械式换向器这一致命的弱点，致使直流电动机制造成本高、价格昂贵、维护麻烦、使用环境受到限制，其自身结构也约束了单台电动机的转速及功率上限，从而给直流传动的应用带来了一系列的限制。相对于直流电动机来说，交流电动机，特别是笼型异步电动机，具有结构简单，制造成本低，坚固耐用，运行可靠，维护方便，惯性小，动态响应好，以及易于向高压、高速和大功率方向发展等优点。因此，近几十年以来，不少国家都在致力于交流调速系统的研究，用没有换向器的交流电动机来取代直流电动机实现调速。

电力电子器件、大规模集成电路和计算机控制技术的迅速发展，以及现代控制理论向交流电气传动领域的渗透，为交流调速系统的开发研究进一步创造了有利的条件。诸如交流电动机的串级调速、各种类型的变频调速，特别是矢量控制技术的应用，使得交流调速系统逐步具备了较宽的调速范围、较高的稳速精度、快速的动态响应，以及在四象限作可逆运行等良好的技术性能。现在从数百瓦的伺服系统到数百千瓦的特大功率高速传动系统，从一般要求的小范围调速传动到高精度、快响应、大范围的调速传动，从单机传动到多机协调运转，几乎都可以采用交流调速传动。交流调速传动的发展趋势表明，它完全可以和直流调速传动相媲美、相抗衡，并有取代的趋势。

2.3.1 常用的交流调速方案及其性能比较

由电机学可知，交流异步电动机的转速公式为

$$n = 60 f_1 (1-s)/p_n \qquad (2\text{-}6)$$

式中，p_n 为电动机定子绕组的磁极对数；f_1 为电动机定子电压供电频率；s 为电动机的转差率。

从式（2-6）中可以看出，调节交流异步电动机的转速有如下三大类方案。

【改变电动机的磁极对数】 由异步电动机的同步转速 $n_0 = 60 f_1/p_n$ 可知，在供电电源频率 f_1 不变的条件下，通过改变定子绕组的连接方式来改变异步电动机定子绕组的磁极对数 p_n，即可改变异步电动机的同步转速 n_0，从而达到调速的目的。这种控制方式比较简单，只要求电动机定子绕组有多个抽头，然后通过触点的通/断来改变电动机的磁极对数。采用这种控制方式时，电动机转速的变化是有级的，不是连续的，一般最多只有 3 挡，适用于自动化程度不高，且只需有级调速的场合。

【变频调速】 从式（2-6）中可以看出，当异步电动机的磁极对数 p_n 和转差率 s 一定

时，改变定子绕组的供电频率 f_1 可以达到调速的目的，电动机转速 n 基本上与电源的频率 f_1 成正比。因此，平滑地调节供电电源的频率，就能平滑、无级地调节异步电动机的转速。变频调速的调速范围大，低速特性较硬。基频 $f=50\text{Hz}$ 以下，属于恒转矩调速方式；在基频以上，属于恒功率调速方式，与直流电动机的降压和弱磁调速十分相似。并且，采用变频起动能显著改善交流电动机的起动性能，大幅度降低电动机的起动电流，增加起动转矩。因此，变频调速是交流电动机的理想调速方案。

【变转差率调速】 改变转差率调速的方法很多，常用的方案有异步电动机定子调压调速，电磁转差离合器调速，绕线转子异步电动机转子回路串电阻调速和串级调速等。

☺ 定子调压调速系统：即在恒定交流电源与交流电动机之间接入晶闸管作为交流电压控制器，这种调压调速系统仅适用于一些属于短时与重复短时作深调速运行的负载。为了能得到好的调速精度与稳定性能，一般采用带转速负反馈的控制方式。所使用的电动机可以是绕线转子异电动机或是有高转差率的笼型异步电动机。

☺ 电磁转差离合器调速系统：是由笼型异步电动机、电磁转差离合器及控制装置组合而成的。笼型电动机作为原动机以恒速带动电磁离合器的电枢转动，通过对电磁离合器励磁电流的控制，实现对其磁极的速度调节。这种系统一般也采用转速闭环控制。

☺ 绕线转子异步电动机转子回路串电阻调速：即通过改变转子回路所串电阻来进行调速。这种调速方法简单，但调速是有级的，串入较大附加电阻后，电动机的机械特性很软，低速运行损耗大，稳定性差。

☺ 绕线转子异步电动机串级调速系统：即在电动机的转子回路中引入与转子电势同频率的反向电势 E_f，只要改变这个附加的、同电动机转子电压同频率的反向电势 E_f，就可以对绕线转子异步电动机进行平滑调速。E_f 越大，电动机转速越低。绕线转子异步电动机串级调速电气原理图如图 2-8 所示。

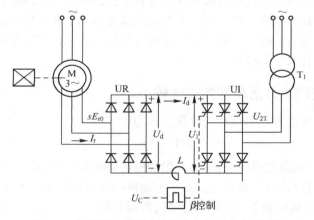

图 2-8　绕线转子异步电动机串级调速电气原理图

上述这些调速方法的共同特点是，调速过程中没有改变电动机的同步转速 n_0，所以低速时，转差率 n_0 较大。

在交流异步电动机中，从定子传入转子的电磁功率 P_M 可以分成两部分：一部分是拖动负载的有效功率 $P_L=(1-s)P_M$；另一部分是转差功率 $P_S=sP_M$，与转差率 s 成正比，它的去向是调速系统效率高低的标志。就转差功率的去向而言，交流异步电动机调速系统可以分为以下 3 种。

【转差功率消耗型】 这种调速系统的全部转差功率都被消耗掉，用增加转差功率的消耗来换取转速的降低，转差率 s 增大，转差功率 $P_S = sP_M$ 增大，以发热形式消耗在转子电路里，使得系统的效率也随之降低。定子调压调速、电磁转差离合器调速及绕线转子异步电动机转子串电阻调速这 3 种方法均属于这一类，这类调速系统存在着调速范围越宽，转差功率 P_S 越大，系统效率越低的问题，故不值得提倡。

【转差功率回馈型】 这种调速系统的大部分转差功率通过变流装置回馈给电网或加以利用，转速越低，回馈的功率越多，但是增设的装置也要多消耗一部分功率。绕线转子异步电动机转子串级调速即属于这一类，它将转差功率通过整流和逆变作用，经变压器回馈到交流电网，但没有以发热形式消耗能量，即使在低速时，串级调速系统的效率也是很高的。

【转差功率不变型】 这种调速系统中，转差功率仍旧消耗在转子里，但不论转速高低，转差功率基本不变。如变极对数调速和变频调速均属于这一类。由于在调速过程中改变同步转速 n_0，转差率 s 是一定的，故系统效率不会因调速而降低。在改变 n_0 的两种调速方案中，又因变极对数调速为有级调速，且极数有限，调速范围窄，因此目前在交流调速方案中，变频调速是最理想、最有前途的交流调速方案。

2.3.2　交流调速系统的发展趋势

近年来，现代控制理论、新型大功率电力电子器件、新型变频技术及计算机数字控制技术等在实际应用中相继取得了重大进展，使得交流调速技术有了很大发展。今后的交流调速技术将在以下 4 个方面得到进一步的发展。

【交流调速系统的高性能化】 交流电动机是个多变量、强耦合、非线性被控对象，仅用电压/频率（U/f）恒定控制，不能满足对调速系统的要求。今后的产品将普遍采用矢量控制技术，提高调速性能，达到和超过直流调速水平。

矢量变换控制是一种新的控制理论和控制技术，其思路是设法模拟直流电动机的控制特点来进行交流电动机的控制。调速的关键问题是转矩控制问题，直流电动机调速性能好的根本原因就在于它的转矩容易控制，而交流电动机的转矩则难于控制。为使交流电动机得到和直流电动机一样的控制性能，必须通过电机统一理论和坐标变换理论，把交流电动机的定子电流分解成磁场定向坐标的磁场电流分量和与之相垂直的坐标转矩电流分量，把固定坐标系变换为旋转坐标系解耦后，交流量的控制变为直流量的控制便等同于直流电动机。也就是说，如果在调速过程中始终维持定子电流的磁场电流分量不变，而控制转矩电流分量，它就相当于直流电动机中维持励磁不变，而通过控制电枢电流来控制电动机的转矩一样，能使系统具有较好的动态特性。

矢量控制方法的提出使交流传动系统的动态特性得到了显著的改善，这无疑是交流传动控制理论上一个质的飞跃。但是经典的矢量控制方法比较复杂，它要进行坐标变换，且需精确测算出转子磁链的大小和方向，比较麻烦，且其精度受转子参数变化的影响很大。近年来，又出现了一种对交流电动机实现直接转矩控制的新方法，它避开了矢量控制中的两次坐标变换及求矢量的模与相角的复杂计算工作量，而直接在定子坐标系上计算电动机的转矩与磁通，通过转矩的直接控制，使转矩响应时间控制在一拍以内，且无超调，控制性能比矢量控制还好。此方法虽尚未形成商品化的产品，但却是很有发展前景的一种新的控制原理。交流电动机调速控制理论，从 U/f 恒定控制法到矢量控制法是第一个飞跃，从矢量控制法到直接转矩控制法将是第二个飞跃。

【全控型大功率新型电力器件】　交流电动机调速技术的发展是和电力电子技术的发展分不开的。20 世纪 50 年代，世界上出现了电力半导体器件的晶闸管，为交流电动机调速技术的发展开辟了道路。但是作为第一代电力半导体器件的晶闸管没有自关断能力，需要利用电源或负载的外界条件来实现换相，因此用晶闸管来实现的交—直—交变频装置的核心的逆变器，必须配以大功率的强迫换相线路才能实现可靠的逆变。所以，人们一直在致力于研制出一种大功率、正反间均可用较小的功率进行导通与关断控制的全控型器件，以便用较简单的手段即可实现复杂的逆变工作。经过约 10 年的研制，场效应晶体管（MOSFET）、巨型晶体管（GTR）及门极关断晶闸管（GTO）等全控器件问世，并在实际应用中取得了理想效果。从半控型器件向全控型器件的过渡，标志着变频装置进入了可以与直流调速装置在性能/价格比上相媲美的阶段，这是交流调速技术的又一个重要的突破。

目前，全控型电力电子器件正沿着大电流、高电压、快通/断、低损耗、易触发、好保护、小体积、集成化等方向继续发展，又出现了绝缘门极双极晶体管（IGBT）和绝缘栅门极关断晶体管（IGTO）等，既具有电压型控制、输入阻抗大、驱动功率小、控制电路简单、开关损耗小、通/断速度快、工作频率高、器件容量大及热稳定性好的特点，又具有通态电压低、耐压高和承受电流大等优点。这类器件是 20 世纪 90 年代变频装置的主流。电力电子器件发展的更进一步的目标将是把控制、触发、保护等功能集成化，从而形成电力电子与微电子技术相结合的产物，构成最新一代的功率集成器件（PIC），它将为最新一代高可靠、小型化、电机与电控装置合而为一的未来型交流电动机调速系统提供新的发展基础。

【脉宽调制技术】　在交流电动机的调速过程中，通常要求调频和调压同时进行。早期调压多用相控技术，用相控方式生成的变频电压电源含有大量的谐波分量，功率因数低，动态响应慢，线路复杂，无法满足高性能调速系统的要求。近年来在广泛采用自关断元器件的情况下，逆变器普遍采用了脉宽调制技术，成功地解决了电源侧功率因数低的问题，同时也减少了谐波分量对电网的影响。为了限制开关损耗，脉宽调制的频率通常选在 300～1000Hz，但这个频率区间正好在人耳的敏感区内，所以电动机运行时的噪声是一个新问题。为解决这个问题，现在有两种不同的发展趋势：一种是采用新型的谐振式逆变器，可以把开关频率提高到 20kHz 以上的超声区，从而清除噪声；另一种是在现有的元器件基础上，优选调制策略，降低脉宽调制的频率至人耳不敏感区，从而降低噪声。总之，研究开关损耗小，功率因数高，谐波分量小，噪声低，运转平稳的逆变器是今后发展的方向。脉宽调制技术的发展与应用，使变频装置性能优化，可以适用于各类交流电动机，为交流调速的普及创造了条件。

【数字技术的应用】　随着计算机技术的发展，16 位乃至 32 位微处理机的应用越来越普及，在电气传动中控制系统硬件由模拟技术转向数字技术，全部采用数字控制，充分发挥微机控制的优点。数字调速技术不仅使传动系统可以获得高精度、高可靠性，还为新的控制理论与方法提供了发展基础。微型计算机在性能、速度、价格、体积等方面的不断发展，为交流电动机调速理论的现实化提供了最重要的保证。

从发展趋势看，交流数字调速有以下两个发展方向。

☺ 采用专用的硬件、大规模集成电路（IC）；专用硬件可以降低设备的投资，提高装置的

30

可靠性。研制交流调速系统专用的 IC 芯片，可以使控制系统硬件小型化、简单化。

☺ 采用通用计算机硬件、软件模块化，可编程化，通用硬件可编程序控制，应用范围广，但价高造。

从国际上采用数字调速的情况来看，前者一般多用于中小容量的标准系列产品，后者多用于大型工程大容量的传动系统。

任务 4　PLC 原理及应用的认知

2.4.1　概述

可编程序控制器（Programmable Controller，PC 或 PLC）是一种工业控制装置，是在电气控制技术和计算机技术的基础上开发出来的，并逐渐发展成为以微处理器为核心，将自动化技术、计算机技术、通信技术融为一体的新型工业控制装置。

PLC 是着眼于开关量的控制，并为取代继电器控制系统而开发的，其目的是解决继电器控制系统中存在的问题。解决问题的方向主要有两个，一是灵活性高，二是体积小。而微电子技术和计算机技术的发展为 PLC 的开发提供了可能性。

按美国电气制造协会 1987 年给出的定义："可编程序控制器是一种带有指令存储器、数字或模拟 I/O 接口，以位运算为主，能完成逻辑、顺序、定时、计数和算术运算功能，用于控制机器或生产过程的自动控制装置"。图 2-8 所示的是西门子 S7-200 PLC。

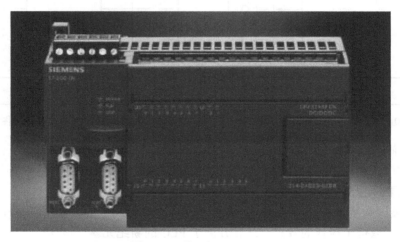

图 2-9　西门子 S7-200 PLC

可编程序逻辑控制器（Programmable Logic Controller，PLC）通常称为可编程控制器，是以微处理器为基础，综合计算机技术、自动控制技术和通信技术而发展起来的一种通用的工业自动控制装置。它具有体积小、功能强、程序设计简单、灵活通用、维护方便等优点，特别是它的高可靠性和较强的恶劣工业环境适应能力更是受到用户的好评。PLC 将传统的继电器-接触器控制技术和现代计算机信息处理技术的优点结合起来，成为工业自动化领域中最重要、应用最多的控制设备，目前已广泛应用于冶金、能源、化工、交通、电力等行业，并跃居现代工业控制三大支柱（PLC、机器人和 CAD/CAM）的首位。

PLC 是在继电器控制和计算机技术的基础上开发出来的，在 PLC 问世前，工业控制领域中以继电器-接触器控制技术占主导地位。

用继电器-接触器控制的系统中，要完成一个任务，需有导线接入设备（按钮、控制开关、限位开关、传感器等）与若干中间继电器、时间继电器、计数器等组成的具有一定逻辑功能的控制线路相连接，然后通过输出设备（接触器、电磁阀等执行系统）去控制被控对象的动作或运行。这种控制系统称为接线控制系统，所实现的逻辑称为硬接线逻辑，即输入对输出的控制作用是通过"接线程序"来实现的。图 2-10 所示为继电接触器逻辑控制系统框图。这种控制系统由于结构简单、易懂，在工业控制领域中被广泛使用，但由于其设备体积大、耗电多、可靠性差、寿命短、运行速度不高、通用性和灵活性差，已不能满足现代化生产过程中生产工艺复杂多变的控制要求。

随着电子技术的高速发展，集计算机、仪器仪表、电器控制"三电"于一身的 PLC 在概念、设计、性能价格及应用领域等方面都有了全新的突破。PLC 将传统的"硬"接线程序控制方式改变为存储程序控制方式，即通过事先编制好并存储在程序存储器中的用户程序来完成控制功能，而在控制要求改变时，只需修改存储器中的用户程序的部分语句即可。图 2-11 所示为 PLC 控制系统框图。

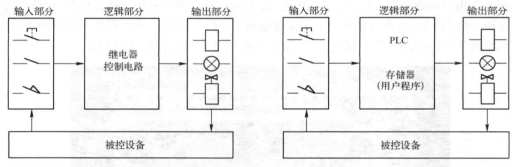

图 2-10　继电器逻辑控制系统框图　　　　图 2-11　PLC 控制系统图

自 PLC 问世以来，以其可靠性高、抗干扰能力强、组合灵活、编程简单、维护方便等独特优势，被广泛应用于国民经济的各个控制领域，其应用深度和广度已成为一个国家工业先进水平的重要标志。

1969 年美国数字设备公司（DEC）研制了第一台 PLC，投入通用汽车公司的生产线过程控制系统中，取得了极佳的效果，从此开创了 PLC 的新纪元。

1971 年，日本从美国引进了这项新技术，并很快研制成了日本第一台 PLC。1973 年，欧洲也研制出了 PLC 并在工业领域开始应用。我国从 1974 年开始研制 PLC，并于 1977 年开始应用。

由于早期的 PLC 是用于取代继电器控制的，其控制功能主要是逻辑运算、定时、计数等顺序控制，因此人们称之为可编程序逻辑控制器，简称为 PLC。

20 世纪 70 年代末到 80 年代初，随着微电子技术的发展，微处理技术日趋成熟，使 PLC 的处理速度大为提高，同时增加了许多特殊的功能，如数值运算、函数运算、查表等，使得 PLC 不仅可以进行逻辑控制，而且还可以对模拟量进行控制。因此，美国电器制造商协会

（National Electrical Manufacturers Association，NEMA）将其正式命名为 PC（Programmable Controller）。

目前，世界各国的一些著名的电气自动化企业几乎都在生产 PLC 装置。PLC 已作为一个独立的工业设备被列入生产中，并成为当代电控装置的主导。

PLC 从诞生到现在，经历了 3 次换代，见表 2-1。

表 2-1　PLC 的发展过程

代　次	器　件	功 能 特 点	应 用 范 围
第一代 1969～1972	1 位微处理器	逻辑运算、定时、计数	替代传统的继电器控制
第二代 1973～1975	8 位微处理器及存储器	数据的传送和比较、模拟量的运算，产品系列化	能同时完成逻辑控制、模拟量控制
第三代 1976～1983	高性能 8 位微处理器	处理速度提高，向多功能及联网通信发展	复杂控制系统及联网通信
第四代 1983～至今	16 位、32 位微处理器	逻辑、运动、数据处理、联网功能，名副其实的多功能	分级网络控制系统

进入 20 世纪 80 年代后，随着大规模和超大规模集成电路技术的迅猛发展，以 16 位和 32 位微处理器构成的微机化 PLC 得到了惊人的发展，使之在概念、设计、性能价格比等方面有了重大突破。PLC 具有了高速计数、中断技术、PID（比例积分微分调节器）控制等功能，同时联网通信能力也得到了加强，这些都使得 PLC 的应用范围和领域不断扩大。

为使这一新型的工业控制装置的生产和发展规模化，国际电工委员会（IEC）曾于 1982 年 11 月颁布了 PLC 标准草案的第 1 稿，1985 年 1 月又发表了第 2 稿，1987 年 2 月颁布了第 3 稿，在其中对可编程控制器作了如下定义：

"可编程控制器是一种数字运算操作的电子系统，专为在工业环境下应用而设计，它采用可编程序的存储器，用来在其内部存储执行逻辑运算、顺序控制、定时、计数和算术运算等操作命令，并通过数字式、模拟式的输入和输出，控制各种类型的机械或生产过程。可编程控制器及其有关的设备，都应按易于与工业控制系统联成一个整体，易于扩充功能的原则而设计。"

〖注意〗 可编程控制器的简称用英文缩写表示有两种：一种是 PLC，另一种是 PC。因为个人计算机的简称也是 PC（Personal Computer），有时了为了避免混淆，人们习惯上仍将可编程控制器称为 PLC（尽管这是早期的名称）。

2.4.2　PLC 组成

PLC 种类繁多，但其结构和工作原理基本相同。PLC 其实就是专为工业现场应用而设计的计算机，采用了典型的计算机结构，主要是由中央处理器（CPU）、存储器、I/O 单元，电源及编程器等组成。PLC 的结构框图如图 2-12 所示。

CPU（中央处理器）是 PLC 的核心，它按 PLC 中系统程序赋予的功能指挥 PLC 有条不紊地进行工作。用户程序和数据事先存入存储器中，当 PLC 处于运行方式时，CPU 按循环扫描方式执行用户程序。CPU 芯片的性能关系到 PLC 的处理控制信号的能力与速度，CPU 位数越高，系统处理的信息量越大，运算速度也越快。PLC 的功能随着 CPU 芯片技术的发展而提高和增强。

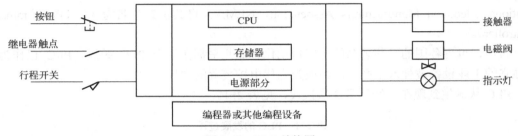

图 2-12　PLC 结构图

　　存储器包括系统存储器和用户存储器两部分。系统存储器用来存放 PLC 厂家编写的系统程序，并固化在 ROM 中，用户不能直接更改。用户存储器用来存放用户根据控制任务编写的程序及用户程序中使用器件的状态/数值数据，其内容可由用户任意修改或增删。用户存储器容量的大小关系到用户程序容量的大小，是反映 PLC 性能的重要指标之一。

　　从广义上讲，I/O 单元包含两部分：一是与被控设备相连接的接口电路；二是输入和输出的映像寄存器。输入单元接收来自用户设备的各种控制信号，并通过接口电路将这些信号转换成 CPU 能识别和处理的信号并存入输入映像寄存器。运行时，CPU 从输入映像寄存器读取输入信息并进行处理，将处理结果存放到输出映像寄存器中，然后由输出接口电路将其由弱电控制信号转换成现场需要的强电信号输出，以驱动被控设备的执行元件。为适应工业现场环境，PLC 的 I/O 接口电路均采用了滤波电路和光耦合隔离电路，提高了 PLC 的抗干扰能力和可靠性。另外，PLC 的 I/O 接口电路分别配置了一定数量的开关量和模拟量接口，以满足工业现场错综复杂的信号交换。

　　PLC 需要的电源一般为 220V AC，煤矿井下一般使用 127V AC 电源，电源部件将交流电转换成供 PLC 的 CPU、存储器等电路工作的直流电。为了保证 PLC 在工业现场能可靠地工作，电源部件对供电电源采用了较多的滤波环节，还用集成电压调整器进行调整，以适应交流电网的电压波动，对过电压和欠电压都有一定的保护作用，另外还采用了较多的屏蔽措施来防止工业环境中的空间电磁干扰。

　　编程器的作用是供用户进行程序的编制、编辑、调试和监视。随着计算机技术和各种软件技术的发展，利用计算机进行编程是 PLC 的发展趋势，现在大多数 PLC 生产厂家不再提供编程器，而是提供计算机编程软件，并配有相应的通信接口和连接电缆。常用的编程语言有顺序功能图、梯形图、功能块图、语句表和结构文本等。

　　有了以上这些部件，PLC 便可进行正常工作。CPU 通过输入接口读取数据，然后按照编制的控制程序对数据进行处理，并将处理结果发送到输出接口，驱动设备或部件的执行元件，这就是 PLC 的工作过程。PLC 是一种工业控制计算机，因此其工作原理是建立在计算机工作原理基础之上的，即通过执行反映控制要求的用户程序来实现的。PLC 采用的是一个不断循环的顺序扫描工作方式。每次扫描所用的时间称为扫描周期或工作周期。CPU 从第一条指令执行开始，按顺序逐条地执行用户程序，直到用户程序结束，然后返回第一条指令，开始新一轮的扫描，PLC 就是这样周而复始地重复上述循环扫描。

2.4.3　PLC 工作原理

　　PLC 种类繁多，指令系统也存在一定程度上的差异，但是就其基本结构和组成原理而言，却

34

大同小异。PLC 的实质就是一种计算机控制系统，属于过程控制计算机的一个分支，只不过它比一般的计算机具有更强的与工业过程相连接的接口和更直接的适用于控制要求的编程语言。

PLC 与计算机控制系统的组成十分相似，也具有中央处理器（CPU）、存储器（RAM、EPROM、E²PROM）、I/O 模块、外设 I/O 接口、I/O 通道接口、编程器及电源部分等，如图 2-13 所示。

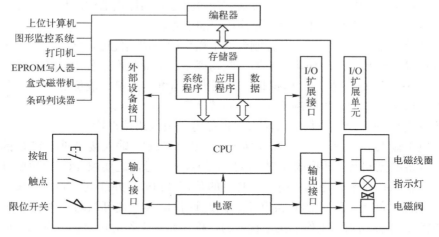

图 2-13　PLC 的基本组成

由于 PLC 的中央处理器是由微处理器、单片机或位片式计算机组成的，存储器及 I/O 部件的形势也多种多样，因此，也可将 PLC 的组成以微型计算机控制系统常用的总线结构形式表示，如图 2-14 所示。

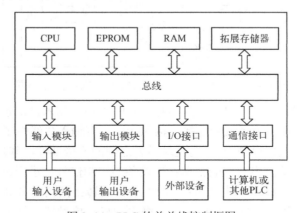

图 2-14　PLC 的单总线控制框图

PLC 内的各部分或模块之间均通过总线进行信息交换。总线根据其功能可分为电源总线、控制总线、地址总线和数据总线。根据实际应用中的工艺要求，配备不同的外部设备，可构成不同的控制功能的 PLC 控制系统。常用的外部设备有编程器、盒式磁带机、打印机、EPROM 写入器等。

对于整体式 PLC，其主要部件都在同一机壳内；对于模块式 PLC，各功能单元可独立封装，构成模块，各模块通过框架或连接电缆组合在一起。此外，PLC 也可以通过通信接口或通信模块实现 PLC 与 PLC 之间、PLC 与上位机之间的数据通信，构成 PLC 工业控制局域网或集散型控制系统。

1．可编程控制器各部分的功能

下面结合图 2-13 和图 2-14 说明各部分的功能。

【输入接口】 可编程控制器与生产过程联系的部件是 I/O 接口，有时也称为 I/O 单元或 I/O 模块。输入接口是 PLC 与工业生产现场被控对象之间的连接部件，是现场信号进入 PLC 的桥梁。该接口接收由主令元件、检测元件传来的信号。

主令元件是指用户在控制键盘（控制台）上操作的一切功能键，如开机、关机、调试或紧急停车等按键。检测元件的功能是检测一些物理量，工业生产过程中有开关量（如位置信号、继电器状态、开关位置等）、模拟量（如压力、温度、流量、液位等）信号之分，并将其通过输入接口送入 PLC，以控制工作程序的转换等。

输入方式有两种，一种是数字量输入（也称为开关量或接点输入），另一种是模拟量输入（也称为电平输入）。后者是经过 A/D 转换部件进入 PLC。输入接口通过 PLC 的输入端子把来自现场设备的控制信号转换成 CPU 可接受的数字信号，这要求 I/O 模块要具有较强的抗干扰能力。输入接口带有光耦合电路，其目的是把 PLC 与外部电路隔离开来。由于输入信号与内部电路之间无电路上的直接联系，因此这种输入方式可以防止现场干扰信号进入 PLC 内部电路，以提高系统工作的抗干扰能力，保证系统工作的可靠性。图 2-15 所示的是 PLC 的输入接口电路与输入控制设备的连接示意图。

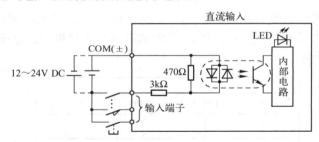

图 2-15　输入接口电路与输入控制设备的连接示意图

为了滤除信号的噪声和便于 PLC 内部对信号的处理，输入接口设有滤波、电平转换、信号锁存电路；为了方便与现场信号连接，输入接口设有输入接线端子排。

【输出接口】 输出接口也是 PLC 与现场设备之间的连接部件，其功能是把 CPU 输出的数字信号转化为现场设备需用的、能驱动各种设备的控制信号，进而驱动执行机构动作。例如，控制现场设备进行工作，如电动机的启/停、正/反转；阀门的开和关；设备的转动、移动、升降等；直接驱动执行元件，如电磁阀、微电动机、接触器、灯和音响等。

根据不同型号的输出负载，PLC 的输出接口类型分为 3 种，即继电器输出接口电路、晶体管输出接口电路和晶闸管输出接口电路，如图 2-16～图 2-18 所示。

继电器输出接口为触点输出方式，适用于接口或断开开关频率较低的交流或直流负载回路，其带载能力较强，但由于受继电器触电寿命的限制存在机械寿命和电气寿命都较短的缺陷。晶体管输出接口和晶闸管输出接口为无触点输出方式，信号响应迅速、寿命长，可用接通或断开开关频率较高的负载回路。晶体管常用于直流电源负载控制回路，晶闸管常用于交流电源负载控制回路。

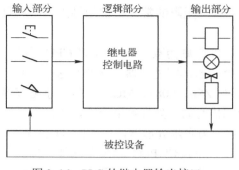

图 2-16　PLC 的继电器输出接口

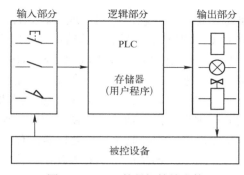

图 2-17　PLC 的晶闸管输出接口

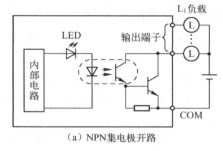

（a）NPN集电极开路

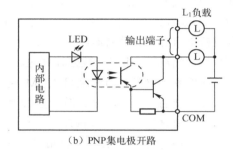

（b）PNP集电极开路

图 2-18　PLC 的晶体管输出接口

上述 3 种输出接口电路都接受 PLC 输出的控制指令，执行接通或断开负载回路的任务，但不向负载提供工作电源。负载工作电源的类型、电压等级和极性应根据负载要求及 PLC 输出接路的性能指标来确定。

PLC 的 I/O 接口均采用光耦合隔离继电器隔离电路，使工业现场设备的 I/O 信号与 PLC 之间没有直接的电路连接，这样可减少现场电磁信号对 PLC 的影响；同时，输出接口也有锁存器、显示、电平转换和输出接点端子排。

PLC 生产厂家现已开发出各种型号的 I/O 模块供用户选择，如数字量 I/O 模块、开关量 I/O 模块、模拟量 I/O 模块、交流信号 I/O 模块等。

【CPU（中央微处理器）】　与一般的计算机控制系统一样，CPU 由控制器和运算器组成，它是 PLC 的运算和控制中枢，对整个 PLC 构成的控制系统而言，它起着主导核心作用。CPU 的主要任务如下所述。

☺ 诊断功能：诊断 PLC 电源、内部工作电路的工作状态和所存储的用户程序中的语法错误。

☺ 控制从编程器输入的用户程序和数据的接收和存储。

☺ 用扫描的方式通过 I/O 部件接收现场的状态或数据，并存入输入状态表或数据存储器中。

☺ PLC 进入运行状态后，从存储器逐条读取用户指令，经过命令解释后，按指令规定的任务进行数据传送、逻辑运算或算术运算等。

☺ 根据运算结果，更新有关标志位的状态和输出寄存器表的内容，再经由输出接口实现输出控制、制表打印或数据通信等功能。

与通用微型计算机不同的是，PLC 具有面向电气技术人员的开发语言。通常以虚拟的输入继电器、输出继电器、中间辅助继电器、时间继电器、计数器等交给用户使用，这些虚拟的继电器也称为"软继电器"或"软元件"，理论上具有无限的常开、常闭触点，可在且只能在 PLC 编程使用，至于具体结构则对用户透明。

目前，小型 PLC 为单 CPU 系统，而中型及大型 PLC 则为双 CPU 甚至多 CPU 系统。对于双 CPU 来说，一般具有一个位处理器和一个字处理器，字处理器为 CPU 这个核心之核心，常由通用的 8 位、16 位、32 位微处理器担任，如 Z80、8085、MCS-51 等。字处理器执行所有的编程器接口功能，监视内部定时器，监视扫描时间，处理字节指令，以及对系统总线和位处理器进行控制等。位处理器在有的系统中也称为布尔处理器，如美国 TI 公司的 TI-530 等，位处理器采用半用户设计的专用芯片来实现，不仅使 PLC 增加了功能，提高了进度，也加强了 PLC 的保密性能。PLC 位处理器的主要作用有两个：一是直接处理一些位指令，从而提高了位指令的处理速度，减少了位指令对字处理器的压力；二是将 PLC 面向工程技术人员的编程语言（梯形图、控制系统流程图等）转换成机器语言。

【存储器】 PLC 的存储器可分为系统程序存储器和用户程序存储器，而用户程序存储器又包括用户程序存储区和用户数据存储区。

☺ 系统程序存储器：通常采用 ROM 或 EPROM 芯片存储器。用于存放 PLC 生产厂商永久存储的程序和指令，称为监控程序。监控程序与 PLC 硬件组成和专用部件特性有关，用户不能访问和修改该存储器的内容。

☺ 用户程序存储区：主要存放用户已编制好的程序或正在调试的应用程序。一般采用 EPROM 或 E^2PROM 存储器，用户可擦除并重新编程。用户程序存储容量一般就代表 PLC 的标称容量（通常，小型机小于 2KB，中型机小于 8KB，大型机容量在 8KB 或以上）。

☺ 用户数据存储区：通常采用 RAM 存储器，为防止掉电时信息的丢失，有后备电池作保护。用于存储 PLC 工作过程中经常变化、需要随机存取一些数据。数据存储区包括 I/O 数据映像区、定时器/计数器预置数和当前值数据。

【通信接口】 为了实现"人-机"或"机-机"之间的对话，PLC 配有多种通信接口，PLC 通过这些通信接口可以与监视器、打印机、其他的 PLC 或计算机相连。

当 PLC 与打印机相连时，可将过程信息、系统参数等输出打印；当与监视器（CRT）相连时，可将过程图像显示出来；当与其他 PLC 相连时，可以组成多机系统或连成网络，实现更大规模的控制；当与计算机相连时，可以组成多级控制系统，实现控制与管理相结合的综合系统。

【智能 I/O 接口】 为了满足更加复杂控制功能的需要，PLC 配有多种智能 I/O 接口。例如，满足位置调节需要的位置闭环控制模块，对高速脉冲进行技术和处理的高速技术模块等。这类智能模块都有其自身的处理器系统。

【扩展接口】 若 PLC 主机板（又称基本单元）的 I/O 点数不能满足 I/O 设备的需要时，可用扩展电缆将 I/O 扩展单元与基本单元相连，达到灵活配置，增加 I/O 点数的目的。

【功能开关与指示灯】 功能开关是用来控制 PLC 的工作状态的，如编程、监视、运行开关等。指示灯用于 PLC 工作状态指示、电源指示、电压过低指示等。

【编程器】 它的作用是供用户进行程序的编制、编辑、调试和监视。有的编程器还可与打印机或磁带机相连，以将用户和有关信息打印出来或存放在磁带上，磁带上的信息可以重新装入 PLC。

编程器有简易型和智能型两类。简易型编程器只能连机编程，且往往需要将梯形图转化为机器语言助记符后才能送入，简易编程器一般由简单键盘和 LED 矩阵或其他显示器件组成。智能编程器又称图形编程器，它可以连机编程，也可以脱机编程，具有 LCD（液晶显示器）或 CRT 图形显示功能，可直接输入梯形图和通过屏幕对话。

当然，也可以利用计算机作为编程器，这时计算机应配有相应的软件包，若要直接与可编程控制器通信，计算机还要配有相应的通信接口。

此外，PLC 还可配有盒式磁带机、EPROM 写入器等其他外部设备。

【电源】 PLC 内部有一稳压电源，用于把供电电源转换成满足 PLC 的各内部电路（如CPU、存储器、I/O 接口等）工作所需要的直流电源。FX2 系统 PLC 采用开关电源，除向PLC 内部电路供电外，还可向外提供 24V DC 稳压电源用于对外部供电。

图 2-19 所示为 FX2 系列 PLC 电源内部电路及外部连接的实例。

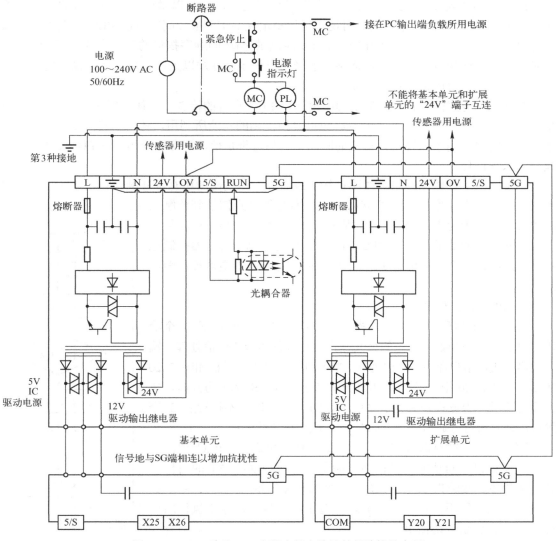

图 2-19　FX2 系列 PLC 电源内部电路及外部连接的实例

电源部分技术规格见表 2-2。

表 2-2 电源部分技术规格

项 目		FX2-16M	FX2-24M	FX2-32M FX2-32E	FX2-48M FX2-48E	FX2-64M	FX2-80M
电压电源		100～240V AC 50/60Hz（120/240 电力系统）					
瞬时断电允许时间		对于 10ms 以下的瞬间断电，控制动作不受影响					
电源熔断器		250V 2A，Φ5×20（mm）			250V 5A，Φ5×20（mm）50		
电力消耗/V·A		30	35	40	50	60	70
传感器电源	无扩展部件	24V DC 250mA 以下			24V DC 400mA 以下		
	有扩展部件	24V DC 100mA 以下（扩展 16 点时）			24V DC 150mA 以下（扩展 32 点时）		

2．PLC 的工作方式

PLC 在结构形式上与微型计算机有许多相同之处，也是以微处理器为核心的计算机单元，但由于 PLC 在工业中使用，对逻辑运算稳定性要求相应较高，所以 PLC 一般不采用微型计算机的等待命令和中断工作方式，而采用不断循环的顺序扫描的工作方式，即 PLC 工作时对用户程序反复循环扫描，逐条地解释用户程序，并加以处理。每一次扫描所用的时间称为扫描时间，也可称为扫描周期或工作时间。

顺序扫描方式简单直观，便于程序设计和 PLC 自身的检查。具体体现在 PLC 扫描到的功能经解算后，其结果马上就可被后面将要扫描到的功能所利用，还可以在 PLC 内设定一个监视定时器，用于监视每次扫描的时间是否超过规定值，避免由于内部 CPU 故障使程序执行进入死循环。

例如，某一个输出继电器线圈被接通或断开，该线圈的所有常开触点和常闭触点不会像电气继电器控制中继电器那样立即动作，而必须等到扫描到该触点时才会动作。因为 PLC 扫描用户程序一般只有数十毫秒，可满足大多数工业控制的要求，而且 PLC 的响应速度远远高于继电器控制触点响应速度，在实际应用中 PLC 的响应时间远小于继电器控制触点的响应时间。

3．PLC 的工作过程

PLC 采用循环扫描工作方式，这个工作过程一般包括 6 个阶段：以故障诊断和处理为主的公共操作、与编程器等的通信处理、输入扫描、执行用户程序、输出处理、响应外设，其工作过程如图 2-20 所示。在图 2-20 中，当 PLC 方式开关置于运行（RUN）方式时，执行所有阶段；当方式开关置于停止（STOP）方式时，不执行后 3 个阶段，此时可进行通信处理，如对 PLC 联机或离线编程。

【公共操作的扫描阶段】 为了保证工作的可靠性，PLC 内部具有自监视和自诊断功能。自诊断功能是在每次扫描程序前的自检，若发现故障，故障指示灯亮（有些机型的故障指示灯闪亮）。对一般性故障，只报警不停机，等待处理；对于严重故障，停止执行用户程序，PLC 切断一切输出。

自监视功能是由监视定时器（Watchdog Timer，WDT）完成的。WDT 是一个硬件时

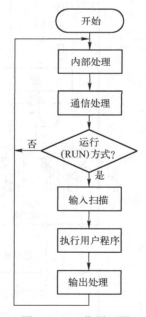

图 2-20 工作原理图

钟，自监视过程主要是检查及复位 WDT。如果复位前扫描时间已超过 WDT 的设定值，CPU 将停止运行，I/O 复位，并给出报警信号，这种故障称为 WDT 故障。WDT 故障可能由 CPU 硬件引起，也可能由于用户程序执行时间太长，使扫描周期超过 WDT 的规定时间而引起，用编程器可以消除 WDT 故障。

【与编程器交换信息的扫描阶段】 用户程序通过编程器写入 PLC，以及用编程器进行在线监视和修改时，CPU 将总线的控制权交给编程器，CPU 处于被动状态。当编程器完成处理工作或达到信息交换的规定时间后，CPU 重现得到总线权，并恢复主动状态。

在这一扫描阶段，用户可以通过编程器修改内存程序、启动或停止 CPU，读 CPU 状态、封锁或开放 I/O、对逻辑变量和数字变量进行读/写等。

另外，在配有网络的 PLC 系统中，还有与网络进行通信的扫描阶段。在这一阶段，PLC 与 PLC 之间，PLC 与磁带机或 PLC 与上位计算机之间进行信息交换。

【执行用户程序的扫描阶段】 PLC 处于运行状态时，一个扫描周期中包含了用户程序扫描阶段。

在用户程序扫描阶段，对应于用户程序存储器所存储的指令，PLC 从输入状态暂存区和其他软元件的状态暂存区中将有关元件的通/断状态读出，从第一条指令开始顺序执行，每一步的执行结果均存入输出状态暂存区，直到指令结束。

【信号 I/O 状态刷新】 信号 I/O 状态刷新包括两种操作：一是对输入信号采样（即刷新输入状态表的内容）；二是输出处理结果（即按输出状态表的内容刷新输出电路）。PLC 的 I/O 状态刷新示意图如图 2-21 所示。

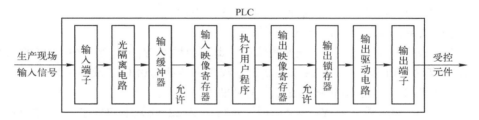

图 2-21　PLC 的 I/O 状态刷新示意图

☺ 输入映像寄存器及其刷新：由图 2-21 可知，来自现场的输入信号经 PLC 输入端子进入 PLC 内部输入电路，经信号整理（电平转换、滤波等）进入缓冲寄存器内，等待 CPU 的采样。在 PLC 存储器，有 I/O 数据存储器区，对应输入信号的数据区，称为输入映像寄存器。当 CPU 采样时，输入信号由缓冲区进入映像区，接下来就是信号输入状态刷新。在采样（刷新）时，输入映像寄存器中的内容与输入信号（不考虑电路固有惯性和滤波滞后影响）一致；其他时间范围内，输入信号变化不会改变输入映像寄存器中的内容。由于 PLC 扫描周期较短，一般只有数十毫秒，两次采样间隔很短，对一般开关量来说，可以近似认为没有因间断采样而引起误差，即认为一旦输入信号发生改变，输入映像寄存器中的内容也随时发生改变。

☺ 输出映像寄存器及输出状态刷新：与一般微型计算机一样，CPU 不能直接驱动负载。根据用户程序要求及当前输入状态，CPU 将信号的运算结果存放在输入映像寄存器中，在上步程序执行结束（在下次扫描用户程序前）时才将输出映像寄存器中的内容通过输出锁存器输出到输出端上，这步操作称为输出状态的刷新。刷新后的每种输出状态要保持到下次刷新为止。同样，一般工业控制系统对信号变化的响应时间较短，可认为两次刷新之间的时间间隔很小，即可理解为输出信号是及时的。

由于 I/O 寄存器的设置，使 PLC 对 I/O 的处理具有以下特点。

☺ PLC 以循环扫描方式进行工作，其 I/O 信号间的逻辑关系存在原理上的滞后。扫描周期越长，滞后越严重。

☺ 输入状态寄存器的数据取决于输入服务阶段各实际输入点的通/断状态。在用户程序执行阶段，输入状态寄存器的数据不再随输入的变化而变化。

☺ 在用户程序执行阶段，输出状态寄存器的内容随程序执行结果不同而随时改变，但输出状态锁存器中的内容不变。

☺ 在输出服务阶段，将用户程序执行阶段的最终结果由输出状态寄存器一起传递到输出状态锁存器。输出端子的状态由输出状态锁存器决定。

【执行外设指令】 每次执行完用户程序后，如果外部设备有中断请求，PLC 就进入服务外设命令的操作。如果没有外部设备命令，则系统会自动进入下一次循环扫描。

4. I/O 响应的滞后现象

图 2-22 所示的是关于 I/O 响应滞后的例子。图 2-22（a）图中所示的是用一个开关控制的 3 个输出的电气控制电路。在这个电路中，若不计电气元件时间相应差异，Y_1 和 Y_2 应具有相同的响应速度，即 Y_1 和 Y_2 输出同步，无时间差异。图 2-22（b）所示的是该电路对应的控制程序。由于 PLC 按图 2-22（b）所示的顺序执行，并采用串行扫描操作方式，这时 Y_1 和 Y_2 的响应是不同步的。

图 2-22（b）所示的程序执行过程分为以下 3 个周期。

☺ 第 1 个周期：输入信号尚未进入映像区。

☺ 第 2 个周期：输入信号 X 进入映像区，由于扫描到 Y_1 时，Y_0 仍处于断开状态，所以 Y_1 仍为 OFF 状态，而 Y_2 在第 2 个扫描周期其状态由 OFF 变为 ON。

☺ 第 3 个周期：Y_1 由 OFF 状态更新为 ON 状态。

由此可知，Y_1 响应滞后于 Y_2 一个周期，若将图 2-22（b）中的程序第 2 逻辑行与第 1 逻辑行调换位置，则程序执行结果就不会出现 Y_1 滞后于 Y_2 一个周期的现象。

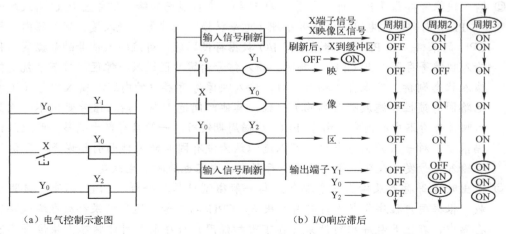

（a）电气控制示意图　　　　　　　　　　（b）I/O 响应滞后

图 2-22　I/O 响应滞后示意图

2.4.4 PLC 特点

【可靠性高、抗干扰能力强】 可靠性高、抗干扰能力强是 PLC 最重要的特点之一。PLC 的平均无故障时间可达数十万个小时。

☺ 硬件方面：I/O 接口采用光隔离，有效地抑制了外部干扰源的影响；对供电电源及线路采用多种形式的滤波，从而消除或抑制了高频干扰；对 CPU 等重要部件采用良好的导电、导磁材料进行屏蔽，以减少空间电磁干扰；对有些模块设置了联锁保护、自诊断电路等。

☺ 软件方面：采用扫描工作方式，减少了外界的干扰；设有故障检测和自诊断程序，能对系统硬件电路等故障实现检测和判断；当由干扰引起故障时，能立即将当前重要信息加以封存，禁止任何不稳定的读/写操作，一旦恢复正常后，便可恢复到故障发生前的状态，继续执行原来的工作。

【编程简单、操作使用简单】 目前，各种 PLC 都采用梯形图语言为第一编程语言，它是一种面向生产、面向用户的编程语言。

梯形图与电器控制线路图相似，形象、直观，不需要掌握计算机知识，很容易被广大工程技术人员掌握。当生产流程需要改变时，可以现场改变程序，使用方便、灵活。

同时，PLC 编程器的操作和使用也很简单。这也是 PLC 获得普及和推广的主要原因之一。许多 PLC 还针对具体问题设计了各种专用编程指令及编程方法，进一步简化了编程。

【功能完善、通用性强、便于使用】 现代 PLC 不仅具有逻辑运算、定时、计数、顺序控制等功能，而且还具有 A/D 和 D/A 转换、数值运算、数据处理、PID 控制、通信联网等许多功能。同时，由于 PLC 产品的系列化、模块化，有品种齐全的各种硬件装置供用户选用，可以组成满足各种控制系统的要求。

【设计安装简单、维护方便】 由于 PLC 用软件代替了传统电气控制系统的硬件，控制柜的设计、安装接线工作量大为减少。PLC 的用户程序大部分可在实验室里进行模拟调试，缩短了应用设计和调试周期。

在维修方面，由于 PLC 的故障率极低，维修工作量很小；而且 PLC 具很强的自诊断功能，如果出现故障，可根据 PLC 上的指示或编程器上提供的故障信息，迅速查明原因，维修极为方便。

【体积小、质量小、能耗低】 PLC 结构紧凑、体积小、能耗低，是实现机电一体化的理想控制设备。

2.4.5 PLC 系统与继电器–接触器系统的比较

PLC 的梯形图与继电器控制电路图十分相似，主要原因是 PLC 梯形图大致沿用了继电器控制的电路元器件符号，仅个别之处有些不同。同时，信号的 I/O 形式及控制功能基本上也是相同的，但 PLC 的控制与继电器的控制也有不同之处，主要表现在以下 5 个方面。

【控制逻辑】 继电器控制逻辑采用硬接线逻辑，利用继电器触点的串联或并联，以及延时继电器的滞后动作等组合成控制逻辑，其接线多且复杂，体积大、功耗大、故障率高，一旦系统构成后，若想再改变或增加功能都很困难。另外，继电器触点数目有限，每个仅有 4～8 对触点，因此灵活性和扩展性较差。而 PLC 采用存储器逻辑，其控制逻辑以程序方式存储在内存中，要改变控制逻辑只需改变程序即可，故称为"软接线"。因其接线少、体积小，因此灵活性和扩展性都很好。PLC 由大、中规模集成电路组成，因而功耗较小。

【工作方式】 电源接通时，继电器控制电路中各继电器同时都处于受控状态，即该吸合的都应吸合，不该吸合的都应受到某种条件限制而不能吸合，它属于并联工作方式。而 PLC 的控制逻辑中，各内部器件都处于周期性循环扫描中，属于串联工作方式。

【可靠性和可维护性】 继电器控制逻辑使用了大量的机械触点，连线较多，触点断开或闭合时会受到电弧的损坏，并有机械磨损、寿命短，因此可靠性和维护性差。而 PLC 采用微电子技术，大量的开关动作由无触点的半导体电路来完成，体积小、寿命长、可靠性高。PLC 配有自检和监督功能，能检查出自身的故障并随时显示给操作人员，还能动态地监视控制程序的执行情况，为现场调试和维护提供了方便。

【控制速度】 继电器控制逻辑依靠触点的机械动作实现控制，工作频率低，触点的开/闭一般在数十毫秒数量级；另外，机械触点还会出现抖动问题。而 PLC 由程序指令控制半导体电路来实现控制，属于无触点控制，速度极快，一条用户指令的执行时间一般在微秒数量级，且不会出现抖动。

【定时控制】 继电器控制逻辑利用时间继电器进行时间控制。一般来说，时间继电器存在定时精度不高、定时范围窄，且易受到环境湿度和温度变化的影响，时间调整困难等问题。PLC 使用半导体集成电路作为定时器，时基脉冲由晶体振荡产生，精度相当高，且定时时间不受环境的影响，定时范围一般从 0.001s 到若干天或更长；用户可根据需要在程序中设置定时值，然后用软件来控制定时时间。

从以上 5 个方面的比较可知，PLC 在性能上优于继电器控制系统，特别是具有可靠性高，设计施工周期短，调试修改方便的特点；而且体积小、功耗低、使用维护方便。正是基于以上优点，PLC 控制系统正在逐步地取代继电器控制系统。

 总结

由于工业控制现场被控对象的多样性和复杂性，PLC 使用环境的特殊性和运行工作的连续长期性，使 PLC 在设计上、结构上具有许多其他控制器无法比拟的特点。

〖可靠性高，抗干扰能力强〗这是 PLC 用户关心的首要问题。为了满足 PLC 转为工业环境下应用的要求，PLC 采用了下述硬件和软件措施。

☺ 光耦合隔离和 RC 滤波器，有效地防止了各类电磁干扰信号的进入。

☺ 采用内部电磁屏蔽，防止辐射干扰。

☺ 采用优良的开关电源，防止电源线引入的干扰。

☺ 具有良好的自诊断功能，可以对 CPU 等内部电路进行检测，一旦出错，立即报警。

☺ 对程序及有关数据用电池供电进行后备，一旦电源断电或运行停止，相关的状态及信息不会丢失。

☺ 对采用的器件都进行严格筛选和老化处理，排除了因器件可靠性问题而造成的故障。

☺ 采用了冗余技术，进一步增强 PLC 的可靠性。对于大型的 PLC，采用双 CPU 构成冗余系统，或者三 CPU 构成表决式系统。

随着构成 PLC 的元器件自身性能的提高，PLC 整体的可靠性也在相应提高。一般

PLC 的平均无故障时间可达到数万小时以上。某些 PLC 的生产厂家甚至宣布，今后它生产的 PLC 不再标明可靠性这一指标，因为对 PLC 来说这一指标已毫无意义了。经过大量实践人们发现，PLC 系统在使用中发生的故障，大多是由于 PLC 的外部开关、传感器、执行机构引起的，而不是 PLC 自身的问题产生的。

〖通用性强，使用方便〗 现在的 PLC 产品已系列化和模块化，PLC 配备有各种各样种类齐全的 I/O 模块和配套部件供用户选用，可以很方便地搭建成满足不同控制要求的控制系统。用户不再需要自己设计和制作相应的硬件装置。在确定了 PLC 的硬件配置和 I/O 外部接线后，用户所做的工作只是程序设计而已。

〖程序设计简单，易学易懂〗 PLC 是一种工业自动化控制装置，其主要的使用对象是广大的电气技术人员。基于这种实际情况，PLC 生产厂家一般不采用计算机所用的编程语言，而是采用与继电器控制原理图非常相似的梯形图语言。工程技术人员学习和使用这种语言十分方便，这也是 PLC 能迅速普及和推广的原因之一。

〖采用先进的模块化结构，系统组合灵活方便〗 PLC 的各个部件，包括 CPU、电源、I/O 接口、I/O 通道（其中也包含特殊功能的 I/O）等均采用模块化设计，由机架和电缆将各模块连接起来。系统的功能和规模可根据用户的实际需求自行组合，这样便可实现用户要求的合理的性能价格比。

〖系统设计周期短〗 由于系统硬件的设计任务仅是依据对象的要求配置适当的模块，如同吃饭时从菜单中点菜一样方便，这就大大缩短了整个设计所花费的时间，加快了整个工程设计的进度。

〖安装简便，调试方便，维护工作量小〗 PLC 一般不需要专用的机房，可以在各种工业环境下直接运行。使用时，只需将现场的各种设备与 PLC 相应的 I/O 端子相连，系统便可以投入运行，安装接线工作量比继电器电控制系统小得多。PLC 软件的设计和调试大多可以在实验室里进行，用模拟实验开关代替输入信号，对其输出状态的观察可借助 PLC 上面板的相应 LED 的显示，也可以另接输出模拟实验板。模拟调试完成后，再将 PLC 控制系统安装到现场，进行联机调试，这样既方便，又节省时间。由于 PLC 自身的故障率很低，又有完善的自诊断能力和显示功能，因此一旦发生故障，可以根据 PLC 上 LED 或编程器提供的信息，迅速查明原因或直接找到发生故障的外围设备。如果是 PLC 自身的故障，则可用更换模块的方法迅速排除故障。这样可以极大地提高维护的工作效率，将故障对工业生产造成的影响降低到最低程度。

〖对生产工艺改变适应性强，可进行柔性生产〗 PLC 实质上是一种工业控制计算机，其控制操作的功能是通过软件编程来确定的。当生产工艺发生变化时，不必改变 PLC 硬件设备，只需改变 PLC 中的用户程序。这对现代化的小批量、多品种产品的生产特别合适。

PLC 控制系统比继电器-接触器控制系统有体积小、功耗小、可靠性高和可扩展性强等优点，在大、中型及较复杂的控制系统中，继电器-接触器控制系统将会被 PLC 控制系统所取代，但在一些小型、简单的控制系统中，继电器-接触器控制系统操作简单，维护、调整方便，现场人员容易掌握使用的优点就会体现出来，而使用价格较贵的 PLC 控制系统就会造成资源的浪费。

任务 5 学习变频器调速原理

2.5.1 变频调速技术简介

变频调速技术是一种以改变交流电动机的供电频率来达到交流电动机调速目的的技术。无论何种机械调速，都是通过电动机来实现的。从大的范围来分，电动机分为直流电动机和交流电动机。由于直流电动机调速容易实现，性能好，因此过去生产机械的调速多用直流电动机。但直流电动机固有的缺点是，由于采用直流电源，它的滑环和电刷要经常拆换，故费时、费工，成本高。因此，人们希望让简单可靠廉价的笼式交流电动机也像直流电动机那样调速。这样就出现了定子调速、变极调速、滑差调速、转子串电阻调速、串级调速等交流调速方式。当然也出现了滑差电动机、绕线式电动机、同步式交流电动机。随着电力电子技术、微电子技术和信息技术的发展，出现了变频调速技术，它一出现就以其优异的性能逐步取代其他交流电动机调速方式，乃至直流电动机调速，而成为电气传动的中枢。

1．变频器的原理

变频器是利用电力半导体器件的通/断作用将工频电源变换为另一频率的电能控制装置。首先通过整流器将输入的交流电变成直流电，然后再将直流电逆变成另一频率的交流电，其原理图如图 2-23 所示。变频器内部的控制系统主要由信号检测、控制电路、触发脉冲电路构成。其中，信号检测是通过传感器或变送器检测负荷侧的电流电压；控制电路是为获取所需的控制信号和动态特性对检测信号和给定参考输入量进行处理，产生相应的控制信号；触发脉冲电路是根据控制电路输出的控制信号产生相应的触发脉冲，经隔离、驱动、放大，驱动开关功率器件工作。

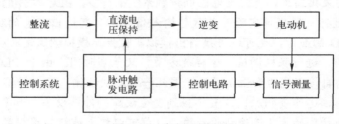

图 2-23　变频器原理图

2．变频器的组成

变频器通常分为 4 部分，即整流单元、高容量电容、逆变器和控制器。

☺ 整流单元：将工作频率固定的交流电转换为直流电。

☺ 高容量电容：存储转换后的电能。

☺ 逆变器：由大功率开关晶体管阵列组成电子开关，将直流电转化成不同频率、宽度、幅度的方波。

☺ 控制器：按设定的程序工作，控制输出方波的幅度与脉宽，使其叠加为近似正弦波的交流电，驱动交流电动机。

主电路是给异步电动机提供调压调频电源的电力变换部分，变频器的主电路大体上可分为以下两类。

☺ 电压型是将电压源的直流电变换为交流电的变频器，直流回路的滤波是电容。

电流型是将电流源的直流电变换为交流电的变频器，其直流回路滤波是电感。

变频器的主电路由 3 部分构成，将工频电源变换为直流功率的"整流器"，吸收在变流器和逆变器产生的电压脉动的"平波回路"，以及将直流功率变换为交流功率的"逆变器"。

【整流器】 最近大量使用的是二极管整流器，它把工频电源变换为直流电源。也可用两组晶体管变流器构成可逆变流器，由于其功率方向可逆，可以进行再生运转。

【平波回路】 在整流器整流后的直流电压中，含有电源 6 倍频率的脉动电压。此外，逆变器产生的脉动电流也使直流电压波动。为了抑制电压波动，采用电感和电容吸收脉动电压（电流）。装置容量小时，如果电源和主电路构成器件有裕量，可以省去电感，采用简单的平波回路即可。

【逆变器】 同整流器相反，逆变器是将直流功率变换为所要求频率的交流功率，以所确定的时间使 6 个开关器件导通、关断就可以得到 3 相交流输出。控制电路是给异步电动机供电（电压、频率可调）的主电路提供控制信号的回路，它电频率、电压的"运算电路"，主电路的电压、电流检测电路，电动机的速度检测电路，将运算电路的控制信号进行放大的驱动电路，以及逆变器和电动机的保护电路组成。

☺ 运算电路：将外部的速度、转矩等指令同检测电路的电流、电压信号进行比较、运算，决定逆变器输出的电压、频率。

☺ 电压、电流检测电路：与主回路电位隔离，检测电压、电流等。

☺ 驱动电路：驱动主电路器件的电路。它与控制电路隔离，使主电路器件导通、关断。

☺ 速度检测电路：以装在异步电动机轴机上的速度检测器的输出信号为速度信号，送入运算回路，根据指令和运算可使电动机按指令速度运转。

☺ 保护电路：检测主电路的电压、电流等，当发生过载或过电压等异常时，为了防止逆变器和异步电动机损坏，使逆变器停止工作或抑制电压、电流值。

2.5.2 西门子 MM440 变频器的操作与控制

西门子自动化与驱动集团（A&D）是德国西门子股份公司中最大的集团之一。西门子自动化与驱动集团的自动化产品涉及工业自动化、运动控制系统、工业传动、低压开关柜、电气安装工程、过程仪表及分析仪表、软件系统等领域。西门子通用变频器产品包括标准变频器和大型变频器。

MICROMASTER 4 系列变频器是西门子标准变频器中较为成熟的产品。MICROMASTER 4 系列标准变频器包括 MICROMASTER 440 矢量型变频器、MICROMASTER 430 节能型变频器、MICROMASTER 420 基本型变频器和 MICROMASTER 410 紧凑型变频器共 4 种型号。MICROMASTER 4 系列变频器采用模块化设计，使用极其灵活，适合用于多种领域。

MICROMASTER 440（简称 MM440）变频器是一种具有广泛用途的多功能标准变频器，它采用高性能的矢量控制技术，提供低速高转矩输出，并具有良好的动态特性，同时具备超强的过载能力，适用于多种应用场合。MM440 变频器是用于控制三相交流电动机速度的变频器系列，本系列有多种型号供用户选用，恒定转矩（CT）控制方式额定功率范围从 120W～200kW，可变转矩（VT）控制方式可达到 250kW。MM440 变频器系列外观如图 2-24 所示。

图 2-24　MM440 变频器系列外观

MM440 变频器具有下述控制和保护功能。

☺ 线性 U/f 控制，二次方 U/f 控制，可编程多点设定 U/f 控制，无传感器磁通电流矢量控制，闭环矢量控制，闭环转矩控制，节能控制模式。

☺ 标准参数结构，标准调试软件。

☺ 6 个数字量输入，2 个模拟量输入，2 个模拟量输出，3 个继电器输出。

☺ 独立 I/O 端子板，方便维护。

☺ 采用 BiCo 技术，实现 I/O 端口自由连接。

☺ 内置 PID 控制器，参数自整定。

☺ 集成 RS-485 通信接口，可选 PROFIBUS-DP/Device-Net 通信模块。

☺ 具有 15 个固定频率，4 个跳转频率，可编程。

☺ 可实现主/从控制及力矩控制方式。

☺ 在断电或故障时具有"自动再启动"功能。

☺ 灵活的斜坡函数发生器，带有起始段和结束段的平滑特性。

☺ 快速电流限制（FCL），防止运行中不应有的跳闸。

☺ 有直流制动和复合制动方式提高制动性能。

☺ 过载能力为 200% 额定负载电流（持续时间 3s）或 150% 额定负载电流（持续时间 60s）

☺ 过电压、欠电压保护。

☺ 变频器、电动机过热保护。

☺ 接地故障保护，短路保护。

☺ 闭锁电动机保护，防止失速保护。

☺ 采用 PIN 编号实现参数联锁。

1. MM440 变频器的电路结构

MM440 变频器的电路结构图如图 2-25 所示。主电路由电源输入单相与三相工频正弦交流电压，经整流电路转换成恒定的直流电压，供给逆变电路。在 CPU 的控制下，逆变电路将恒定的直流电压逆变成电压和频率均可调的三相交流电，供给电动机负载。MM440 变频器主电路的中间直流环节采用大容量电解电容进行滤波。

在图 2-25 中，端子 1、2 是 MM440 变频器为用户提供的 10V DC 高精度稳压电源输出端；模拟输入端子 3、4 和 10、11 为用户提供了两路模拟信号输入通道，输入的直流电压可作为频率给定信号；数字输入端子 5、6、7、8、16、17 为可编程多功能输入端子；端子 9、

28 是 24V DC 电源输出端子，可为变频器的数字输入电路提供直流工作电源。

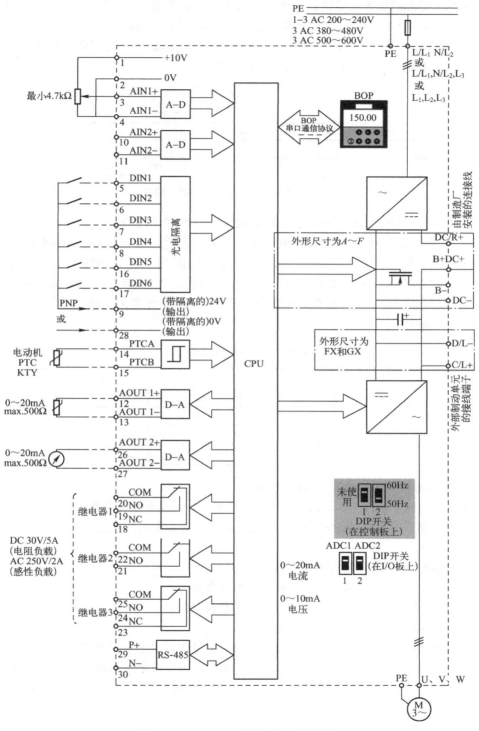

图 2-25　MM440 变频器的电路结构图

2. MM440 变频器的参数

【**MM440 变频器的参数结构**】 MM440 有两种参数类型：以字母"P"开头的参数为用户可修改的参数；以字母"r"开头的参数表示本参数为只读参数。

所有参数分成命令参数组（CDS），以及与电动机、负载相关的驱动参数组（DDS）两大类。每个参数组又分为 3 组，其结构如图 2-26 所示。

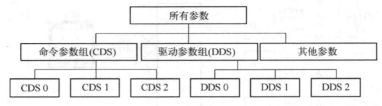

图 2-26 MM440 变频器的参数结构图

默认状态下使用的当前参数组是第 0 组参数，即 CDS0 和 DDS0。

例如，P1000 的第 0 组参数，在 BOP 上显示为 $\boxed{\text{ın000}}$，书中常写作 P1000.0、P1000[0] 或 P1000in000 等形式。本书中为了一致，均以 P1000[0] 的形式表示 P1000 的第 0 组参数。

命令参数组（CDS）由参数 P0810 和 P0811 作为切换命令源来选择 3 组参数中的一组参数，驱动参数组（DDS）由参数 P0820 和 P0821 作为切换命令源来选择 3 组参数中的一组参数。参数值切换真值表见表 2-3。

表 2-3 参数值切换真值表

CDS			DDS		
P0810	P0811	参数组	P0820	P0821	参数组
0	0	0	0	0	0
1	0	1	1	0	1
×	1	2	×	1	2

【**用户访问级 P0003 和参数过滤器 P0004**】

☺ 用户访问级 P0003：参数 P0003 用于定义用户访问参数组的等级，对于大多数简单的运用对象，采用默认设定值（标准模式）即可满足要求。参数 P0003 可能的设定值如下所述。

    ↳ P0003=0：用户定义的参数表；

    ↳ P0003=1：标准级，可以访问最常用的参数。

    ↳ P0003=2：扩展级，允许扩展访问参数的范围。

    ↳ P0003=3：专家级，只供专家使用。

    ↳ P0003=4：维修级，只供授权的维修人员使用，具有密码保护。

☺ 参数过滤器 P0004：参数 P0004 的作用是按功能的要求筛选（过滤）出与该功能相关的参数，这样可以更方便地进行调试。参数过滤器 P0004 可能的设定值如下所述。

    ↳ P0004=0：全部参数。

    ↳ P0004=2：变频器参数。

↬ P0004=3：电动机参数。

↬ P0004=4：速度传感器。

↬ P0004=5：工艺应用对象或装置。

↬ P0004=7：命令、二进制 I/O。

↬ P0004=8：ADC（A/D 转换）和 DAC（D/A 转换）。

↬ P0004= 10：设定值通道/斜坡函数发生器。

↬ P0004= 12：驱动装置的特征。

↬ P0004= 13：电动机的控制。

↬ P0004= 20：通信。

↬ P0004= 21：报警/警告/监控。

↬ P0004= 22：工艺参量控制器（如 PID）。

☺ P0003 和 P0004 的使用：参数过滤器 P0004 的设定值决定了访问参数的功能和类型，用户访问级 P0003 的设定值决定了由 P0004 限定的参数类型的访问等级。配合使用参数 P0003 和 P0004 可以快速找到需要访问和设置的参数。

3. MM440 变频器的操作与控制

【基本操作板的使用】 基本操作板（BOP）的按键布局如图 2-27 所示。

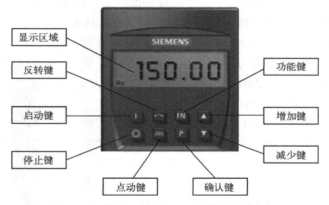

图 2-27　基本操作板（BOP）的按键布局图

利用 BOP 可以更改变频器的各个参数。例如，要修改参数 P1000 的第 0 组参数，即设置参数 P1000[0]=1，具体操作步骤见表 2-4。

表 2-4　参数修改操作步骤

	操 作 步 骤	BOP 显示结果		操 作 步 骤	BOP 显示结果
1	按 **P** 键，访问参数	r0000	5	按 **▼** 键，达到所要求的数值 1	1
2	按 **▲** 键，直到显示 P1000	P1000	6	按 **P** 键，存储当前设置	P1000
3	按 **P** 键，显示 in000，即 P1000 的第 0 组值	in000	7	按 **FN** 键显示 r0000	r0000
4	按 **P** 键，显示当前值 2	2	8	按 **P** 键，显示频率	50.00

使用 BOP 还可以控制变频器的运行，其具体操作步骤见表 2-5。

表 2-5　通过 BOP 控制变频器运行的操作步骤

操 作 步 骤	设 置 参 数	功 能 解 释	操 作 步 骤	设 置 参 数	功 能 解 释
1	P0700	=1 启/停命令源于面板	4	I	启动变频器
2	P1000	=1 频率设定源于面板	5	▲/▼	通过增减键修改运行频率
3	500	返回监视状态	6	O	停止变频器

【参数复位操作】　参数复位，是将变频器的参数恢复到出厂时的参数默认值。使用基本操作板（BOP）、高级操作板（AOP）　或通信选件，可以将变频器的参数恢复为默认设置值，参数设置如下所述。

☺ 1：设置 P0010=30。

☺ 2：设置 P0970=1。

复位过程约需 3min 才能完成。

【快速调试】　快速调试是指通过设置电动机参数和变频器的命令源及频率给定源，从而达到简单快速运转电动机的一种操作模式。

2.5.3　其他常用变频器

【ABB 变频器】　ABB 公司将其低压交流变频器归属于传动类产品，ABB 公司低压交流变频器主要分为机械类变频器、标准变频器和工业变频器共 3 个大类。

ABB 标准变频器的购买、安装、设置和使用都很简单，可以节省大量时间。它们在 ABB 的各分销商处广泛供应，因而称之为标准变频器。ABB 标准传动产品包括 ACS 550、ACH 550、ACS 510 等系列产品。

ACS 550 系列变频器是 ABB 传动公司于 2004 年 5 月推出的一款杰出的低压传动产品。它具有矢量控制方式，功率范围为 0.75～110kW，矢量型应用使其具有更好的转矩特性。ABB 标准变频器 ACS 550 可以应用于诸多行业中，其中典型的应用包括泵类、风机和恒转矩的使用，传送带等。ABB 的标准变频器安装简单、使用方便，在无须个性化定制或特殊产品工艺的情况下应用非常理想。ACS 550 变频器的外形如图 2-28 所示。

ACS 550 系列变频器的主要技术参数见表 2-6。

图 2-28　ACS550 变频器外形图

表 2-6　ACS 550 系列变频器的主要技术参数

ACS550 产品	
电源接线	
功率范围	0.75～355kW
电压	三相，380～480V，+10/-15% 三相，200～240V，+10/-15%
功率因数	0.98
电动机接线	
电压	三相，0～U 电源

频率	0～500Hz
连续负载能力（最高环境温度40℃时的恒定转矩）	额定输出电流 I_2
过载容量（最高环境温度40℃时）	正常使用 $1.1I_{2N}$，每 10min 过载 1min；重负荷使用 $1.5I_{2hd}$，每 10min 过载 1min，保持 $1.8I_{2hd}$，每 60s 过载 2s
开关频率 标准 可选择	默认：4kHz 0.75～90kW；1kHz，4kHz，8kHz 最高 355kW；1kHz，4kHz
加速时间	0.1～1800s
减速时间	0.1～1800s

【三菱变频器】 三菱变频器是日本三菱电机株式会社的产品，国内市场应用较多。现在三菱电机公司在中国大连设有生产厂，专门生产 FR-A、FR-F、FR-E 三个系列的变频调速器。三菱变频调速器进入中国有 20 多年的历史，现在市场上主要使用的有以下型号。

☺ 通用高性能：FR-A740（3P 380V）、FR-A720（3P 220V）。

☺ 轻载节能型：FR-F740（3P 380V）、FR-F720（3P 220V）。

☺ 简易通用型：FR-S540E（3P 380V）、FR-S520SE（1P 220V）、FR-S520E（3P 220V）（由日本生产，老型号）；FR-D740（3P 380V）、FR-D720S（1P 220V）、FR-D720（3P 380V）（新型号）。

☺ 经济通用型：FR-E540（3P 380V）、FR-E520S（1P 220V）、FR-E520（3P 220V）（老型号）；FR-E740 (3P 380V)、FR-E720（3P 380V）（新型号）。

以 FR-A740 变频器为例，三菱 FR-700 型变频器的型号说明如图 2-29 所示。

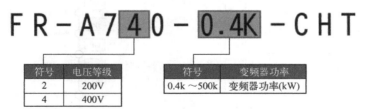

图 2-29 三菱变频器型号说明

三菱 FR-700 型变频器 4 个系列产品的主要技术指标见表 2-7。

表 2-7 三菱变频器主要技术参数

项目		FR-A700	FR-F700	FR-E700	FR-D700
容量范围/kW	三相 200V	0.4～90	0.75～110	0.1～1.5	0.1～15
	三相 400V	0.4～500	0.75-S630	0.4～1.5	0.4～15
	单相 200V	—	—	0.1～2.2	0.1～2.2
控制方式		U/f 控制、先进磁通矢量控制、无传感器矢量控制、矢量控制（需选件 FR-A7AP）	U/f 控制、最佳励磁控制、简易磁通矢量控制	U/f 控制、先进磁通矢量控制、通用磁通矢量控制、最佳励磁控制	U/f 控制、通用磁通矢量控制、最佳励磁控制
转矩限制		○	×	○	×
内置制动晶体管		0.4～22kW 设置	—	0.4～15kW 设置	0.4～7.5kW 设置
内置制动电阻		0.4～7.5kW 设置	—	—	—

三菱 FR-A700 变频器端子接线如图 2-30 所示。

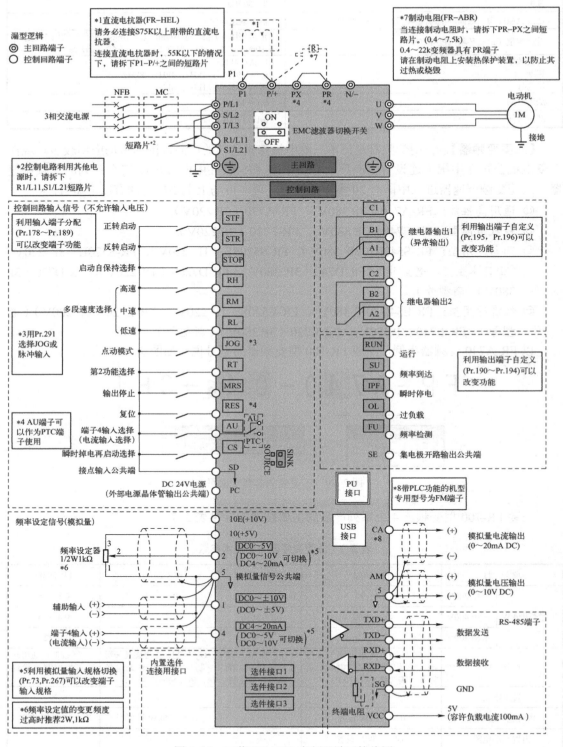

图 2-30 三菱 F-RA700 变频器端子接线图

【**富士变频器**】 富士变频器是日本富士电机株式会社生产的。富士 FRENIC 变频器种类齐全，性价比高，在国内应用较多。富士 FRENIC 5000 系列变频器自 1990 年开始生产，经历了 5 代、7 代、9 代，一直发展到现在市场上广泛使用的 11 系列。目前的主流产品按功率和用途主要分为针对风泵类负载的 P 系列、针对恒转矩负载的 G 系列、变频供水专用的 VP 系列、电梯专用 Lift，以及小型化的 Multi 系列、Mini 系列和高性能的 MEGA系列。

FRENIC 5000G22S/P11S 系列变频器有两种结构图，根据功率大小、应用场合和散热条件可以选择不同的结构图。FRENIC 5000G22S/P11S 系列变频器的外观如图 2-31 所示。

图 2-31　FRENIC 5000G22S/P11S 系列变频器的外观

FRENIC 5000G22S/P11S 系列变频器的产品型号含义如图 2-32 所示。

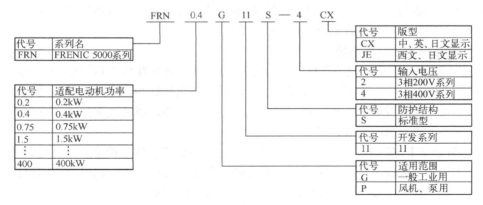

图 2-32　富士变频器型号说明

FRENIC 5000G22S/P11S 系列变频器的所有 74 种机种都采用统一的技术规范，这样便于用户构成各种应用系统。FRENIC 5000G22S/P11S 系列变频器的公共技术规范见表 2-8。

表 2-8　富士变频器主要技术参数

项　目		详细技术规范
控制方式		正弦波 PWM 控制（U/f）控制，转矩矢量控制、PC 反馈矢量控制（选件）
控　制 输 出 频 率	最高频率	G11S：50～400Hz 可变设定 P11S：50～120Hz 可变设定
	基本（基底）频率	G11S：25～400Hz 可变设定 P11S：25～120Hz 可变设定
	启动频率	0.1～60Hz 可变设定　　保持时间：0.0～10.0s
	载波频率	G11：0.75～15kHz（≤55kW）　0.75～10kHz（≥75kW） P11：0.75～15kHz（≤22kW）　0.75～10kHz（30～75kW）　0.75～6kHz（≥90kW）
	频率精度	模拟设定：最高频率设定值的±0.2%（25℃±10℃）以下 数字设定：最高频率设定值的±0.01%（−10～+50℃）以下
	频率设定分辨率	模拟设定：最高频率设定值的 1/1000（例：0.02Hz/60Hz 时、0.05Hz/150Hz 时） 数字设定：0.01Hz（小于 99.99Hz 时），0.1Hz（大于 100.0Hz 时）

2.5.4　变频器的发展现状和趋势

1. 变频器的发展现状

进入 20 世纪 90 年代，通用变频器以其优异的控制性能，在调速领域独树一帜，并在工业领域及家电产品中得到迅速推广。此外，变频技术和变频器制造已经从一般意义的拖动技术中分离出来，成为世界各国在工业自动化和机电一体化领域中争强占先的阵地，各发达国家更是在该技术领域投入了极大的人力、物力、财力，目前已成为高新技术行业。就变频技术而言，目前日本、美国、法国、荷兰、丹麦等国家可以说是齐头并进，不分伯仲。在这一领域的研制、生产方面，220kW 功率以上的变频器基本被欧、美等国家垄断，如德国的西门子、丹佛斯 DANFOSS，美国的 AB.OE 公司、欧洲的 ABB 等。中小容量的变频器中 85%为日本产品和中国台湾产品所占领，如富士，三垦（SAMCO）、东芝（TOSHIBA）、松下（PANASONIC）、三菱（MITSUBISHI）、安川，以及中国台湾的台达公司。由于这些国家或地区的工业基础好，制造业发达，开发生产能力强，所生产的变频器适应范围广，应用普及率在 85%以上。我国的深圳华为电气（现更名为安圣电气）、伴灵电气、成都森兰、大连普传科技都是变频器研究、开发、生产的高新技术企业，拥有雄厚的技术实力，相信不久的将来可以取代国外品牌，创建我们自己的国产名牌。

2. 变频器技术的发展趋势

进入 21 世纪后，电力电子器件的基片已从 Si（硅）变换为 SiC（碳化硅），使电力电子新元器件具有耐高压、低功耗、耐高温的优点，并制造出体积小、容量大的驱动装置；永久磁铁电动机也正在开发研制之中。随着 IT 技术的迅速普及，以及人类思维理念的改变，变频器技术发展迅速，未来主要朝以下 4 个方面发展。

【网络智能化】　智能化的变频器买来就可以用，不必进行许多设定，而且可以进行故障自诊断、遥控诊断及部件自动"置换"，从而保证变频器的长寿命。利用互联网可以实现多台变频器联动，甚至是以工厂为单位的变频器综合管理控制系统。

【专门化和一体化】　变频器的制造专门化，可以使变频器在某一领域的性能更强，如风机、水泵用变频器，电梯专用变频器，起重机械专用变频器，张力控制专用变频器等。除此以外，变频器有与电动机一体化的趋势，使变频器成为电动机的一部分，可以使体积更小，控制更方便。

【环保无公害】 保护环境，制造"绿色"产品，是现代人类的新理念。21 世纪的电力拖动装置应着重考虑节能，变频器能量转换过程的低公害，将变频器在使用过程中的噪声、电源谐波对电网的污染等问题减少到最小程度。

【适应新能源】 现在，太阳能和风能等新能源发展迅猛，有后来居上之势。这些发电设备的最大特点是容量小而分散，将来的变频器就要适应这样的新能源需求，既要高效，又要低耗。现在电力电子技术、微电子技术和现代控制技术以惊人的速度向前发展，变频调速传动技术也随之取得了日新月异的进步，这种进步集中体现在交流调速装置的大容量化，变频器的高性能化和多功能化，结构的小型化等方面。

学习情境 3　电线电缆拉丝机设备及其电气控制系统维修

本学习情境任务单

学习领域	电线电缆拉丝机电气系统检测与维修		
学习情境	电线电缆拉丝机电气系统检测与维修	学时	20
布　置　任　务			
学习目标	☺ 了解拉丝机的各种状态、加工范围及操作方法。 ☺ 能够按照电路图的识图原则识读拉丝机的电气接线图，知道电气元件的分布位置和布线情况。 ☺ 能够检测并排除拉丝机系统的各种电气故障。 ☺ 知道绞线系统电气设备维修安全操作的相关规定及检修流程。		
任务描述	现有一套电线电缆拉丝机系统，检测并排除故障，使其达到正常工作状态，具体任务要求如下所述。 ☺ 观察设备状态，询问操作工人，记录工人对故障的描述，故障发生前设备的状态，故障发生后的现象，以及车床近期的加工任务。 ☺ 根据拉丝机电气控制系统原理图，分析故障，判断故障发生在电气系统还是机械系统。 ☺ 按照电气设备维修安全操作的相关规定及检修流程，利用万用表、低压验电笔检测电气控制系统，确定故障点。 ☺ 使用电工维修工具排除故障。 ☺ 运行维修后的设备，观察其运行状态，测量并调整相关参数，使拉丝机达到正常工作状态。		

学时安排	资讯 1学时	计划 1学时	决策 1学时	实施 4学时	检查 1学时	评价 1学时
提供资料	☺ 河南阳光电缆集团 ☺ 上海起帆电缆公司 ☺ 江苏富川机电公司 ☺ 上海兆年重工集团 ☺ 安徽长江精工电工机械制造有限公司 ☺ 上海鸿得利重工公司 ☺ 东莞市精铁机械有限公司 ☺ 昆山市宏泰机电设备有限公司 ☺ 杭州三普机械有限公司 ☺ 于润伟. 机床电气系统检测与维修. 北京: 高等教育出版社, 2009 ☺ 邱彦龙. 机床维修技术问答. 北京: 机械工业出版社, 2006 ☺ 周建清. 机床电气控制. 北京: 机械工业出版社, 2008					
对学生的要求	☺ 必须掌握拉丝机电气控制系统的常识性知识, 能够熟练操作拉丝设备。 ☺ 必须读懂拉丝机电气控制系统的电路图。 ☺ 必须掌握拉丝机电气控制系统中元器件的安装和接线方法。 ☺ 必须学会正确使用电工工具和仪表, 并做好维护和保养工作。 ☺ 实施过程中, 必须时刻注意用电安全, 严格遵守安全操作过程。 ☺ 按任务要求, 完成拉丝机电气控制系统的检测、维修和调试。 ☺ 实施过程中, 要爱护工具和仪表, 若损坏需照价赔偿。 ☺ 严格遵守课堂纪律和工作纪律, 不迟到, 不早退, 不旷课。 ☺ 上课时必须穿工作服, 女生应戴工作帽, 不许穿拖鞋上课。 ☺ 树立职业意识, 并按照企业的 "6S" (整理、整顿、清扫、清洁、素养、安全) 质量管理体系要求自己。 ☺ 本情境工作任务完成后, 需提交学习体会报告, 要求另附。					

任务 1　拉丝机设备及其工艺基础的认知

用于拉制各种形状和尺寸金属线材的机器，称为拉丝机。

〖线材的拉伸原理〗　线坯通过拉丝模孔润滑区、工作区、定径区和出口区，在一定拉力作用下发生塑性变形，使截面减小、长度增加的加工方法，称为拉伸。其工艺流程如图 3-1 所示。

图 3-1　拉丝工艺流程简要示意图

【放线】　钢制盘圆或通过放线机构旋转放出将被拉拔的铜丝，对于整个拉丝机环节来说，其控制没有过高精度要求。放线可以采取主动放线和被动放线。主动放线是通过变频器来控制放线机构的转速，其放线速度可调节；被动放线是通过拉丝机对铜丝的拉力来带动放线机构转动，所以不能主动调节放线速度。

【拉丝】　拉丝环节是拉丝机最重要的环节。每个卷筒由一台电动机拖动，铜丝缠绕在卷筒上，经过模具而逐步拉伸，卷筒之间的速度配合靠活套来调节。

【收线】　收线过程中，工字轮半径越卷越大，需保持钢丝的张力恒定，卷绕力矩逐渐增大。

〖拉伸加工方法的优点〗　线材形状和尺寸精确，表面光洁，可控制线材的断面形状及规格。

拉丝机通常由放线装置、拉丝主机与收/排线装置组成。放线装置将待拉的铜杆或铝杆放出，经主机拉制成所需形状和尺寸后，由收线装置卷绕在线盘上，作为成品或半成品的单线。拉丝工艺流程图如图 3-2 所示。

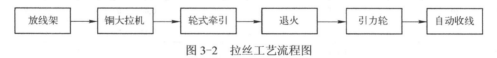

图 3-2　拉丝工艺流程图

目前，我国生产和使用的拉丝机，大体分为单模拉丝机，多模滑动式拉丝机和多模非滑动式拉丝机，其产品已成系列化。拉丝机主机如图 3-3 所示。

图 3-3　拉丝机主机

拉丝机是线材生产的主要设备，近年来，通过引进国外先进技术和消化吸收，国产拉丝机的技术水平有了较大提高，但与国外先进技术相比还有一定的差距。拉丝机的发展趋势如下所述。

☺ 提高拉丝速度和生产率。如中小型拉丝机拉丝速度向 25m/s 以上发展，大型拉丝机拉丝速度向 17m/s 以上发展。

☺ 使用大容量线盘，以满足高速拉丝的需要，并在一定程度上减轻操作工人的劳动强度。

☺ 改进鼓轮的结构。大部分中小型拉丝机已采用金属及陶瓷的拉丝鼓轮，其中有些细拉机和微拉机已采用全陶瓷塔轮，大大延长了鼓轮或塔轮的使用寿命。

☺ 采用交直流加热的三角式连续退火系统，提高了铜线拉制的质量。

☺ 实现了拉丝机、退火装置和收线装置的系列化，便于根据拉丝——退火——收线连续生产线的制造规格需要，灵活进行选配。

☺ 扩大了钻石模的使用范围，改进了净化装置并采用新型的乳化液，以保证高速拉丝的质量，并减少电力消耗等。

3.1.1 拉丝机的类型和特点

拉丝机的分类方法很多，如根据线材所通过的模具数，可分为滑动式和非滑动式；根据拉丝鼓轮的构造形状，滑动式拉丝机又可分为塔轮型和等径轮型，非滑动式拉丝机又可分为单层轮型和双层轮型；按拉制丝径大小，可分为大、中、小、细和微型拉丝机。另外，具有拉和轧综合功能的拉轧混合式拉丝机，可作为拉丝机的一种派生产品。

拉丝机的主参数是定速轮直径、拉伸道次和进线头数。拉丝机主机的基本参数见表 3-1。

表 3-1　引进拉丝机主要参数表

拉丝机型号	制 造 厂 商	进线直径/mm	出线直径/mm	拉丝速度/（m/s）
M450 大拉机	德国 NIEHOFF	8	1.4～4.0	35
M30 中拉机	德国 NIEHOFF	3.5	0.41～1.6	40
M200 小拉机	德国 NIEHOFF	2.2	0.15～0.5	50
M5 细拉机	德国 NIEHOFF	0.8	0.05～0.2	50
M4 微拉机	德国 NIEHOFF	0.10	0.02～0.08	40
TRB/1 大拉机	意大利 SAMP	8.0	1.0～3.5	35
TRB/2 中拉机		3.5	0.4～1.4	50
TRB/4 小拉机		1.65	0.1～0.3	50
MM6 微拉机		0.15	0.125～0.05	25

拉丝机的形式及特点如下所述。

【单模拉丝机】 在拉丝机上，只安装一个拉丝模和一个拉丝鼓轮，称为单模拉丝机。这种拉丝机通常采用锥形鼓轮。按拉丝鼓轮放置方式分为立式和卧式两种。无论哪种形式，其拉丝鼓轮既是拉丝牵引轮，又是收线、储线的盘子。由于鼓轮收线时受力较大，对线材表面质量不利，为此常在鼓轮后面加一个收线装置，这样可大大减轻收线盘上的受力，并能保证正确的拉伸方向和提高拉丝模的寿命。

【多模拉丝机】 多模拉丝机与单模拉丝机不同，从放线到收线中间经过数个线模，并且每个线模后面都具有将线拉过线模的拉丝鼓轮。与单模拉丝机相比，在完成相同道次的拉伸时，省去了多次放线，收丝的往返重复操作，而一次完成多道次的拉伸，因而多模拉丝机可大大提高单机的生产能力，改善劳动条件。电缆行业中常用的多模拉丝机有滑动式连续拉丝机和非滑动式拉丝机两类。

图 3-4　拉丝机的拉丝鼓轮及拉丝模

【多模滑动式连续拉丝机】　多模滑动式连续拉丝机如图 3-5 所示。所谓滑动，是指线在鼓轮上存在打滑、速度落后的现象。在拉伸过程中，是依靠绕在鼓轮上的线材与鼓轮之间的滑动摩擦力来牵引线材拉过模具的，除最后一个鼓轮外，其他鼓轮均产生滑动。线在鼓轮上一般绕 1～4 圈后进入下一个模具。

多模滑动式连续拉丝机的鼓轮形状分为塔形、圆柱形和综合形。鼓轮布置一般为卧式布置。其动力由一台电动机集中驱动，以减速器及各齿轮带动收线盘和各鼓轮转动。

多模滑动式连续拉丝机具有穿模方便，停车后测量各道次线径尺寸容易，但模具数量较多时，主机机身较长，为此模具数量不宜太多。

图 3-5　多模滑动式连续拉丝机

为了解决上述问题，研制出拉丝鼓轮的塔形排列，即一根轴上装有 2～3 个鼓轮。这是滑动式拉丝机中应用最多的鼓轮排列形式。

〔**多模滑动式连续拉丝机的特点**〕
☺ 传动系统简单，拉丝速度高，易于实现机械化和自动化控制。
☺ 总加工率较大，生产效率高。
☺ 线材与鼓轮之间有滑动，因此线材与鼓轮都要受到磨损，由于滑动，线张力变动时能自动调整线速，模孔直径稍有差异就会造成断线。
☺ 主要用于总的加工率较大，塑性好，能承受较大拉力和耐磨的线材拉伸。

【多模非滑动式拉丝机】 多模非滑动式拉丝机如图3-6所示。

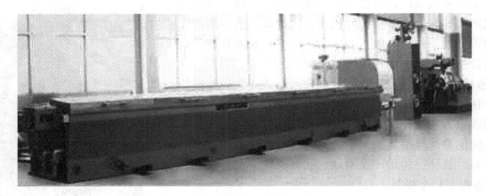

图3-6　多模非滑动式拉丝机

这是一种线材与鼓轮之间没有相对滑动的多模拉丝机。在拉伸过程中，线材经一次拉伸后卷绕在拉丝鼓轮上，这时中间鼓轮起着双重作用，既起拉丝鼓轮的作用，又起着使线材自动离开鼓轮到下一个模具去的放线作用。

多模非滑动式拉丝机在线缆行业中应用较多。线材在鼓轮上除绕一定圈数外，还需在鼓轮上储存更多的线（中间各鼓轮至少20圈以上，最后鼓轮为3~5圈）以防止由于延伸系数和鼓轮转速的变化，引起各鼓轮间金属秒流量体积不相等，造成过大线张力，各鼓轮的出线需经鼓轮上部的拨线杆和滑轮后再经一下滑轮进入下一道模孔。

〖多模非滑动式拉丝机的特点〗

☺ 拉伸过程中，鼓轮与线材之间无滑动，故不会引起摩擦损伤，多用于铝及铝合金线材的拉制。

☺ 线材有储存，冷却较好。当中间某个鼓轮工作不正常时，不会影响后面鼓轮的工作，可提高效率。

☺ 鼓轮可做成单独的传动系统，作为标准组件可组合成多模数的拉丝机。

☺ 配模和延伸系数允许有较大变动范围，可提高模具的使用寿命。

☺ 拉线时，线材受到弯曲和扭转，只能用于拉制圆线，不适用于拉制型线。

☺ 线材所受张力较大，不适用于细线拉伸。

☺ 由于拉丝行程复杂，所以不适用于高速拉丝。

3.1.2　拉丝机的组成及技术参数

现以 LHD-400/13 型拉丝机为例，简要介绍滑动式多模拉丝机的组成及技术参数，其技术参数见表3-2。

表3-2　LED-400/13 型拉丝机参数

参 数 名 称	数 值
进线直径/mm	8.0
出线直径/mm	1.2-4.0

参 数 名 称		数 值
拉丝速度/（m/s）	拉至 1.2	24
	拉至 1.5	20
	拉至 2.0	16.5 13.8
	拉至 5.2	11.7 9.7 8
	拉至 3.9	6.7
整机功率（包括退火）/kW		375
放线盘/mm		800～1250
整机尺寸	有退火装置	23000mm×6100mm×3700mm
	无退火装置	1900mm×6100mm×3700mm
总重/kg	有退火装置	40000
	无退火装置	38000

LED-400/13 型拉丝机由放线架（如图 3-7 所示）、拉丝主机、连续退火装置、盘式收线架、成卷下线装置、轧头穿模孔机、电气柜和操作台等组成。

【放线架】 将线放出进入主机，在绕到拉丝鼓轮前，先将铜杆在轧头穿模机上连续穿入一系列模具，然后分别绕在各拉丝鼓轮上。当拉伸后的铜线需要进行连续退火时，应使铜线通过由 3 个通电接角轮构成的连续退火装置进行预热和退火。当拉伸后的铜线不需要退火时，只要经过连续退火装置上部的导轮，即可引入线盘式收线架或成卷下线装置。线盘式收线架与成卷下线装置，也应按线材情况选择使用。线盘的装卸均为半自动。铜线进入成卷下线装置后，收存在盛线筒内，盛线筒装满后可不停车，换上盛线筒后继续收线。在线盘式收线架收线时，若需换盘则必须停车。

图 3-7　拉丝机放线架

【主传动齿轮箱】 电动机通过带轮传动，可带动齿轮箱内各轴旋转，使拉丝鼓轮旋转，从而达到拉丝的目的。

齿轮箱主要用来传递动力与速度，通过操作变速手柄，可以使拉丝鼓轮获得需要的速度。箱体一般为整体式铸铁箱形结构，箱体内分前、后两部分。前半部分装有拉丝鼓轮、拉丝模座和冷却水管等，后半部分装有一系列的齿轮、轴和变速系统。前、后两部分用箱壁隔开，以防止前半部分的鼓轮冷却液和后半部分的齿轮润滑油相互侵入。

齿轮箱一般包括如下主要零部件。

☺ 传动件：指电动机到齿轮箱的传动件，通常采用传动带（平带或 V 带），也可用弹性联轴器直接联接。如大拉机传动，将运动传递给拉丝鼓轮时，通常用齿轮；对于微细拉丝机的传动，则常用传动带。

☺ 变速系统：由变速件与操作件组成。

☺ 滑移齿轮变速：将双联或三联齿轮滑移到轴上的不同的啮合位置，可得到需要的速度比，这种结构变速范围较大，但必须采用直齿轮。变速前，要先停车后操作手柄。由于拉丝机要求变速范围大，所以大型拉丝机上均采用这种变速装置。

☺ 离合器变速：当齿轮为斜齿或人字齿时，不能采用滑移齿轮来变速，这时可用端面有牙的或内外齿轮的离合器进行变速。

☺ 操纵机构变速：摆动式操纵机构变器是通过转动手柄，依靠动摆杆、滑块、拨动滑移齿轮进行变速。

【起动、制动装置】 拉丝机是由电动机开关来控制起动和停车的。当断电导致拉丝机停车时，由于惯性的作用，需经过较长时间才能使其停止，这样就会增加操作辅助时间，或者由于各旋转部件的惯性不同而造成断线，因此必须采取制动措施。

拉丝机上常用的制动器有电磁制动器、液压制动器、气动制动器等。一般液压制动器制动力矩较大，使用较多，其制动力矩是由液压产生推力，通过一系列杠杆传动到制动块上实现制动。制动器与电动机联锁，停车时制动器制动，开车时制动器放松，从而避免损坏传动件。

【拉丝鼓轮】 拉丝鼓轮如图 3-8 所示。按其外形可分为塔形、圆柱形和圆锥形。按其结构可分为整体的和组合的。按其使用的材料可分为高碳工具钢、合金工具钢、全陶瓷、金属陶瓷等。

一般大型拉丝机采用圆柱形或圆锥形工具钢组合式鼓轮。中、小拉丝机采用塔形工具钢轮加陶瓷的组合式鼓轮。细、微拉丝机采用塔形金属或陶瓷整体式鼓轮。

【旋转模】 为了使线模在拉丝中磨损均匀，保持孔形的圆度，采用旋转模可提高模具的使用寿命。由于模具工作时旋转（一般为 50～80r/min），在拉丝时就不会拉出沟槽，并使原来的滑动摩擦变成近似滚动摩擦，减小摩擦系数，可始终保持拉出的线材是圆形，从而克服普通模具缺点。

【润滑与冷却系统】 为了保证主机齿轮箱内齿轮的正常运转，需采用润滑油润滑。润滑方式，按齿轮速度高低可分为喷射润滑和油箱润滑。由于拉丝主机齿轮转动速度较高，一般采用喷射润滑，可将齿轮传动热量带走。润滑装置由油箱、管道、油泵组成。

为了保证拉丝机正常工作，提高拉丝模使用寿命，还需对拉丝鼓轮和拉丝模进行冷却。冷却方式可采用直接喷射，也可采用浸入水箱中冷却的方式。

【拉丝辅机】 拉丝机的辅机有放线、收线和排线装置等。

☺ 放线装置：常用的放线装置有以下 3 种。

   ↳ 成卷放线：这种放线装置每放出一圈线，线材受扭一次，因此不适用于型线放线。大型拉丝机一般采用此种放线形式。

   ↳ 线架放线：将成卷的线坯放在特制的线架上，靠拉丝机的拉力使线架转动放线。在高速拉丝主机停车时，由于惯性的作用，会造成线圈乱线，可采用制动装置加以控制。

   ↳ 线盘放线：将线坯缠绕在线盘上放线，这种放线也会因惯性的作用造成乱线，可在放线盘上加张力控制装置来克服。

☺ 收线装置：收线装置如图 3-9 所示，按卷绕形式可分为成卷收线装置和成盘收线装置（或称为连续收线装置和不连续收线装置）。

  ☝ 成卷收线装置：将线材直接绕在鼓轮上，再用专用的吊线钩取下捆扎而成。

  ☝ 成盘收线装置：将线材收绕在线盘上，如图 3-9 所示。其中单盘收线装置为间歇式的，每换一次线盘都需要停机。此外还有双盘连续式收线装置，即当一盘绕满后，线材自动绕到另一个空盘上，并自动切断线材将满盘卸下，同时换上一个空盘，待下次使用，因此换盘时不需停机，提高了拉丝机生产效率。

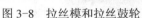

图 3-8 拉丝模和拉丝鼓轮

图 3-9 收线装置

  ☺ 排线装置：为了使线材在线盘上收绕整齐，凡用线盘收线时，都要有排线装置。最常用的有以下两种。

  ☝ 凸轮排线：凸轮排线采用凸轮结构，当凸轮转动时可使摆杆作相应的往复移动完成排线。调节螺杆可改变排线的宽度。改变凸轮的转速可改变排线节距的大小。调节导轮在导向杆上的位置，可改变排线的位置。

  ☝ 光杆排线装置：在光杆上套有 3 个转环，中间的一个转环接触光杆的一侧，另两个转环接触光杆对称的另一侧，转环的端面与光杆轴线的垂线形成夹角，当光杆转动时，由于轮环与光杆之间存在着摩擦力，转环也随光杆一起转动。转环与光杆的接触形成螺旋线的 3 段，产生向左或向右的分力，使排线导轮在光杆上作往复动运动形成排线动作。3 个转环靠 3 个相等齿轮联动，当转环上的转换器碰到限位开关时，3 个转环同时转过一定角度，排线导轮反向移动完成换向。

  【铜线的退火设备】 在拉制过程中，线材由于经过拉丝模受到冷加工变形，使线材变硬、变脆、强度、硬度增加，而塑性降低，使线材连续拉制困难。为了消除硬化，提高塑性，对许多裸电线除了要求具有良好的导电性能外，还应具有较好的力学性能，因此需要将线材进行退火处理，通常称为软化或韧炼。

  退火分为中间退火和成品退火两种，可根据产品的生产工艺来安排。退火温度，铜线一般为 500~700℃，铝线为 350~400℃。

  线材在加热过程中，会产生表面氧化，影响线材质量。为此，在铜线的退火过程中，要采取保护措施防止氧气进入退火区域。常用方法有通入惰性气体、真空加热和蒸汽保护等。

  铜、铝线的退火设备可分为一般退火设备和接触式连续退火设备。

  一般退火设备如图 3-11 所示，与拉丝机不配套，退火设备需单独使用，这种退火大多数是间歇式的，也有连续式的。

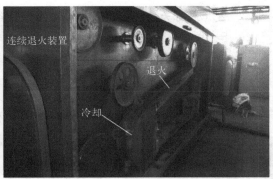

图 3-10　成盘收线装置　　　　　　　　图 3-11　退火设备

任务 2　了解 LHD 铜大拉丝机的结构及原理

LHD 铜大拉丝机如图 3-12 所示。

图 3-12　LHD 铜大拉丝机

LHD 铜大拉丝机用于将 ϕ8mm 的铜杆拉制成 ϕ1.2～ϕ4.0mm 铜单丝，并进行连续退火软化，采用双盘自动收线机收线，或者采用卷式收线机收线。其整体结构示意图如图 3-13 所示。

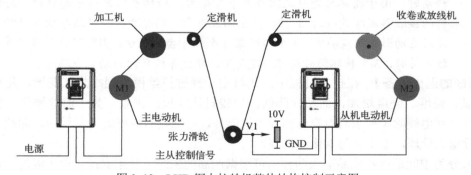

图 3-13　LHD 铜大拉丝机整体结构控制示意图

3.2.1　设备组成

☺ 卷式放线机　　　　　　　　　☺ 电气控制系统

☺ 拉丝主机　　　　　　　　　　☺ 齿轮箱润滑系统

☺ 连续退火装置　　　　　　　　☺ 拉丝液供给系统

68

☺ 张力控制装置   ☺ 退火水供给系统

☺ 双盘自动收线机   ☺ 轧头穿模机

☺ 卷式收线机   ☺ 蒸汽发生器

3.2.2 结构特点

【一列式结构】 拉丝主机采用一列式，并采用双电动机传动，不仅能实现快速换模，而且只需要修改出线轮与前一道拉丝轮的速度比值，即可达到修改前面多道次滑动率的目的。

【双工位放线】 卷式放线机可实现双工位放线。

【铸铁箱体】 拉丝主机箱体采用铸铁件，经回火处理，内部结构稳定，不易变形，具有优良的减振效果。

【齿轮寿命长】 传动齿轮采用斜齿轮，经磨齿加工，齿轮最大模数 $m=8$，运转噪声小，使用寿命长。

【油、水分箱】 齿轮箱与拉丝液箱之间设有空间隔开，即使密封失效，也可避免油、水交融。

【低滑动率】 拉丝轮速度比设计成低滑动率的配模，多道次平均滑动率为 1%，平均累积滑动率约为 1.2%。

【离合器设置】 拉丝主机高速轮轴部分装有离合器，当生产大规格线时，可使高速轮部分脱开。

【直流退火】 连续退火装置采用卧式直流退火，可实现退火与不退火方式切换。

【电控系统先进】 电控系统采用全数字驱动器，全通信控制方式，采用进口 PLC 控制整机运行，采用进口触摸屏显示，可在线设定工艺参数。

3.2.3 技术参数

LHD 铜大拉丝机技术参数见表 3-3。

表 3-3   LHD 铜大拉丝机技术参数

型 号	LHD-450/13	LHD-450/11	LHD-450/9
进线直径/mm	$\phi 8$	$\phi 8$	$\phi 8$
出线直径/mm	$\phi 1.2\sim\phi 4.0$	$\phi 1.5\sim\phi 4.0$	$\phi 1.9\sim\phi 4.0$
最大出线速度/(m/s)	25	18	15
主电动机功率/kW	250(DC)	225(DC)	200(DC)
定速轮电动机功率/kW	75(DC)	75(DC)	75(DC)
退火电压/V	70	70	70
最大退火电流/A	5000(DC)	5000(DC)	5000(DC)
双盘收线电动机功率/kW	22×2(AC)	22×2(AC)	22×2(AC)
双盘收线规格	PND500,PND630	PND500,PND630	PND500,PND630
卷式收线规格	$\phi 1160mm\times\phi 680mm\times 1500mm$	$\phi 1160mm\times\phi 680mm\times 1500mm$	$\phi 1160mm\times\phi 680mm\times 1500mm$

3.2.4 设备电气控制原理

LHD 铜大拉丝机主机设备电气控制原理图如图 3-14 所示。

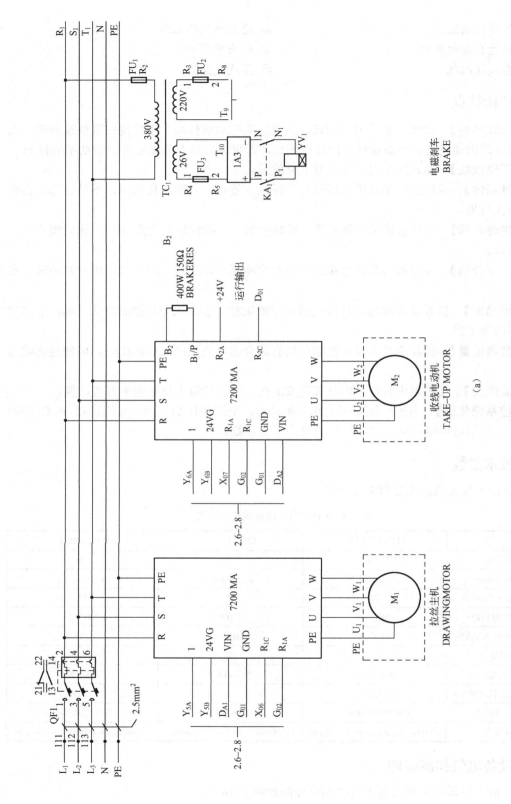

图 3-14　LHD 铜大拉丝机主机设备电气控制原理图

（a）

电磁刹车
BRAKE

收线电动机
TAKE-UP MOTOR

拉丝主机
DRAWINGMOTOR

70

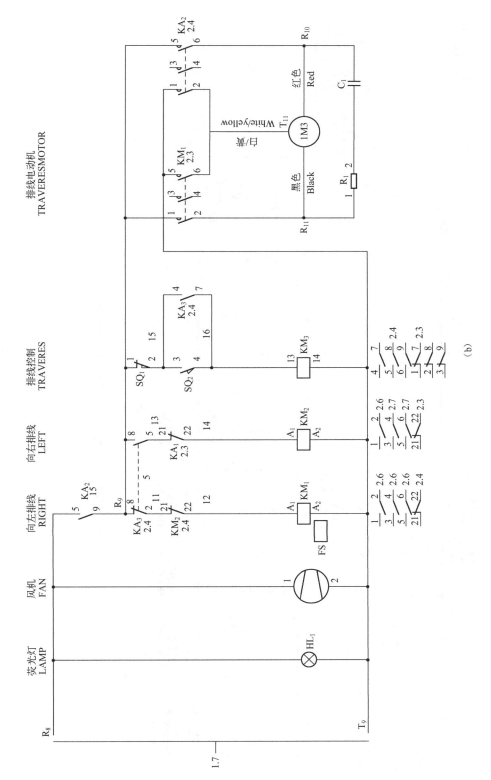

图 3-14 LHD 铜大拉丝机主机设备电气控制原理图（续）

(b)

71

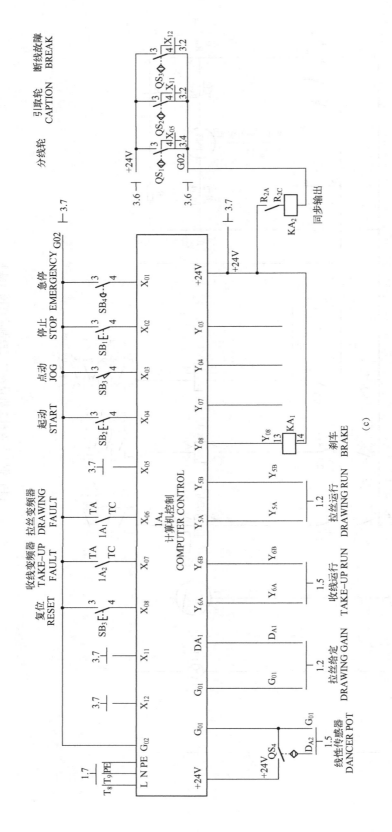

图 3-14 LHD 铜大拉丝机主机设备电气控制原理图（续）

(c)

72

1．排线电动机控制过程（如图 3-15 所示）

【起动】 按下"SQ₂"→KA₂ 线圈通电吸合并自锁→KA₂ 主触点吸合→排线电动机准备开始工作。

【停止】 按下"SQ₁"→KA₂ 线圈断电→KA₂ 主触点断开→排线电动机断电停转。

2．控制过程

【起动】 按下"起动 SB₂"或"点动 SQ₃"→PLC 检测"软信号"→收线运行→拉丝运行。

【停止】 按下"停止 SB₁"→PLC 检测"软信号"→拉丝停止→收线停止。

【检测】 通过"X0₆"和"X0₇"两个输入端口的采样信号，监控收线/拉丝变频器工作状态。

【控制】 通过"GO₁/DA₁"模拟量输出端口的信号，给定变频器参数，从而控制拉丝机工作速度。

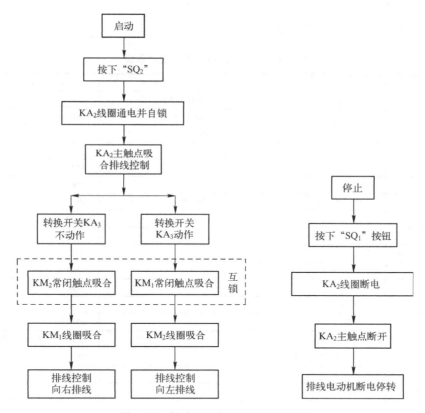

图 3-15　排线电动机控制过程流程图

任务 3　掌握小拉丝机（24D 立式拉丝机）的工作原理

小拉丝机以江苏富川机电公司生产的 24D 立式拉丝机（如图 3-16 所示）为例说明。

图 3-16　24D 高速立式小拉丝机

3.3.1　主要参数

24D 立式拉丝机主要参数见表 3-4。

表 3-4　24D 立式拉丝机主要参数表

设 备 型 号	FC-14D	FC-24D	FC-22DT 连续退火机
入线线径/mm	$\phi0.8\sim\phi1.6$	$\phi0.4\sim\phi1.0$	$\phi0.8\sim\phi1.2$
出线线径/mm	$\phi0.25\sim\phi0.60$	$\phi0.08\sim\phi0.45$	$\phi0.1\sim\phi0.32$
最高线速度/(m/min)	1200	2400	2000
最多眼模数	14	24	22
机械减面率	15%	13%	15%
定速轮减面率	8%	8%	8%
伸线轮	表面喷碳化钨	表面喷陶瓷	表面喷陶瓷
引取轮直径/mm	$\phi268$	$\phi159$	$\phi250$
主电动机功率/kW	15	11	11
收线电动机功率/kW	5.5	3.7	3.7
退火功率/kW			16kVA
退火方式			直流三段式
传动方式	平带传动		平带传动
放线方式	越端放线		越端放线
排线方式	平带传动+同步电动机		平带传动+同步电动机
张力调整方式	配重摆杆式缓冲杆		配重摆杆式缓冲杆
冷却润滑方式	喷淋式		喷淋式
收线盘尺寸/mm	$\phi300$	$\phi300$	$\phi300$
收线容量/kg	50～60	50～60	50～60
上下轴方式	顶心螺杆紧迫式		顶心螺杆紧迫式
制动	电磁制动		电磁制动
外形尺寸	1950mm（L）×1100mm（W）×1750mm（H）	2050mm（L）×1600mm（W）×1900mm（H）	3000mm（L）×1600mm（W）×1900mm（H）

3.3.2　电气控制原理

24D 立式拉丝机控制电路如图 3-17 所示。

74

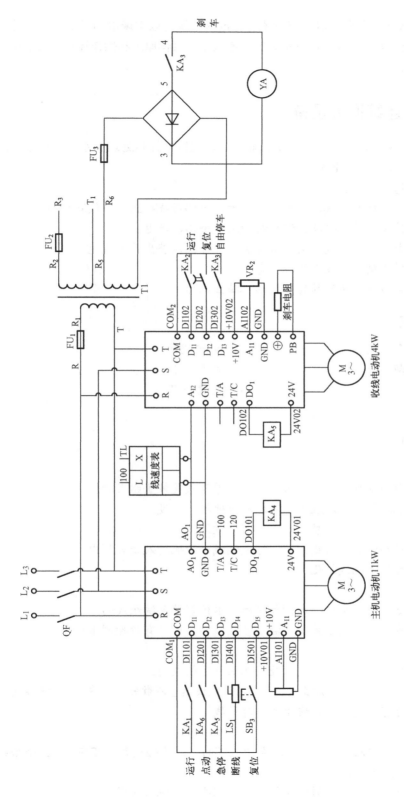

图 3-17 24D 立式拉丝机控制电路图

显而易见，这是一个变频器调速系统，通过该系统可以实现电动机的启动和停止，并可以完成电动机的精确调速，能够起到很好的控制效果，具体原理和操作详见学习情境 2 任务 5《变频器调速原理》的介绍。

任务 4 认知连续退火设备

FC-40 镀锡机采用连续生产，一贯作业方式，裸铜线经热处理、水洗、烘干、酸洗、镀锡至卷取成盘，主要特点如下所述。

☺ 退火、镀锡一气呵成。
☺ 镀锡过程使用钻石眼模，控制镀膜厚度，镀锡后线径正确，镀膜均匀。
☺ 退火炉与镀锡炉的加热及保温系统的温度平均，省电。
☺ 引取滚轮由变频器和减速电动机控制，可任意调整生产的线速。
☺ 卷取机按模式制造，装卸线轴容易。
☺ 每一卷线轴由一个特制的转矩电动机独立操作。

3.4.1 设备组成

☺ 退火炉（含控制箱）   ☺ 镀锡炉
☺ 循环水冷却系统   ☺ 引取机
☺ 烘干炉   ☺ 卷取机
☺ 给线架

3.4.2 结构特点

【退火部分】
☺ 退火炉是由加温系统、保温系统、退火管及氮气装置组成的。
☺ 加温系统采用两段控温装置，可以有效地控制温度。
☺ 保温系统可以防止热量散失，达到省电效果。
☺ 由导轮及瓷钩组成的引线系统，可使铜线平稳地进入退火炉内。
☺ 氮气装置可防止铜线氧化。

【冷却系统】
☺ 冷却系统是由冷却水槽、水槽加热器、水位调整系统组成的。
☺ 水位调整系统是由入水系统、溢水管组成的，可以有效控制水位。

【烘干炉】
☺ 烘干炉是由加热系统、引线系统及保温系统组成的。
☺ 加热系统由电热管进行加温，并有保温系统使热量不散失，可达到烘干与省电的效果。
☺ 烘干炉前皆有引线系统，便于操作者引线。

【给线架】
☺ 给线架分左、右两边，固定于退火炉架下面，每边给线架下可安置 22 个给线盘，共可放置 44 个给线盘。
☺ 给线架设有过线导轮及引线瓷钩，可将铜线平顺地引入退火管内。

【镀锡炉】

☺ 镀锡炉由加热系统、镀锡系统、保温系统组成。

☺ 加热系统由电热管进行加热，电热管与机体绝缘，以确保人员操作安全。

☺ 镀锡系统是由压线系统、眼模固定系统及锡缸组成的。

☺ 压线系统包括压线轮、压线杆及压线固定座，可调整高低。

☺ 眼模固定系统与压线系统相对称，可调整高低及角度。

【引取机】

☺ 由机座及引取滚轮组成。

☺ 过线导轮有两组，其中一组固定，另一组为活动设计，可根据需要调整高低、角度。

☺ 主动力为减速电动机，可根据线径任意调整速度。

☺ 设有线速表，作为线材退火速度参考。

【卷取机】

☺ 排线动力为无级调速电动机，排线速度，排线排幅可调。

☺ 卷取机两侧各有 22 个卷取电动机，且各个电动机皆由单独调速控制收线张力（2 轴备用）。

☺ 两段式独立排线，设有一台 15kV·A 调压器控制总的收线张力。

☺ 排线导线杆的设计可视需要调整排线高低。

☺ 排线以游动方式接触微动开关，从而控制其正/反转;

☺ 排线轮、过线轮为陶瓷材质组成，坚固耐用。

3.4.3 生产工艺说明

镀锡机由热处理机、酸洗镀锡机、引取机及卷取机 4 座机台依制程排列而成。

【裸铜线放线装置】 位于机台下面，左、右各 20 轴，采用毛刷阻尼放线。

【退火炉】 采用电热恒温式，退火温度可依产品线径大小而设定，使其自动控制在适当的温度。

【冷却槽】 采用水冷式，将铜线降温。

【烘箱】 也为电热恒温式，可将水冷后的湿线烤干，恒温控制在 210～300℃。

【酸洗镀锡机】 酸洗槽使用助焊剂，去除表面的氧化层及污垢，以确保锡的附着力；镀锡炉也为电热恒温式，容量 50～200kg，恒温控制在 250～270℃。

【眼模】 钨钢眼模与钻石眼模可使用，用以确保镀锡后的线径正确及镀膜均匀。镀层厚度为 3～5μm。

【引取机】 采用变频调速，可任意调整引取滚筒转速。已镀锡的铜线在滚筒上绕行一周后至卷取机，故调整滚筒的转速可调整镀锡机铜线的线速，线速调整依据线径而定。

【卷取机】 每一卷取轴均由一单独力矩电动机驱动，每一转矩电动机又单独配 0.5kV·A 调压器，收线时通过改变转矩电动机的电压达到改变其速度的目的，使收线送机适当。

【排线机构】 采用一段式排线机构，用一单独变频器和减速电动机，故可任意调节排线的速度。

3.4.4 设备控制电路原理

设备控制电路原理如图 3-18 所示。

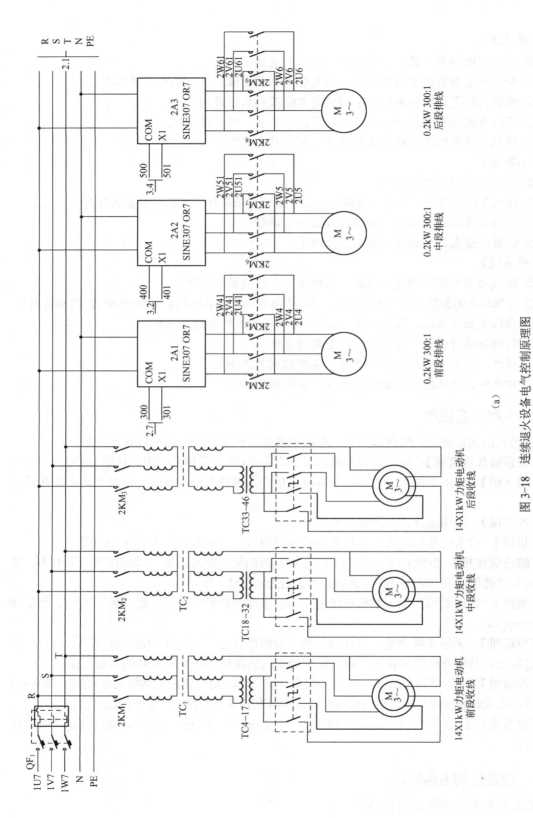

图 3-18 连续退火设备电气控制原理图

(a)

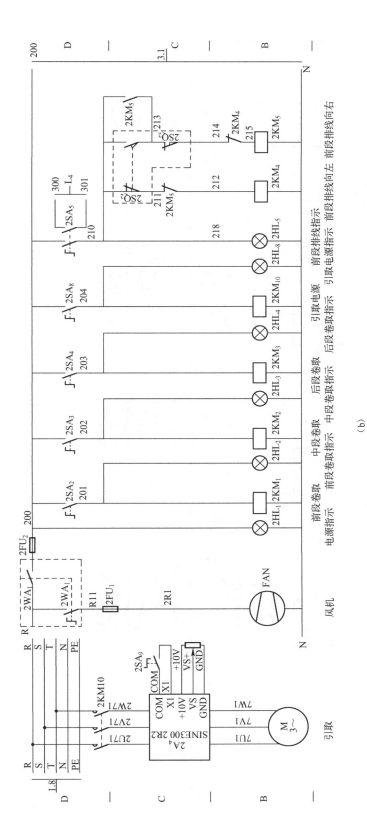

图 3-18 连续退火设备电气控制原理图（续）

(b)

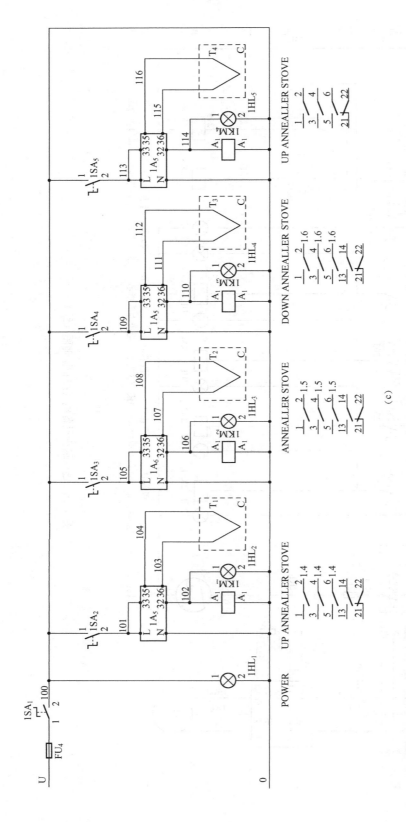

图 3-18 连续退火设备电气控制原理图（续）

(c)

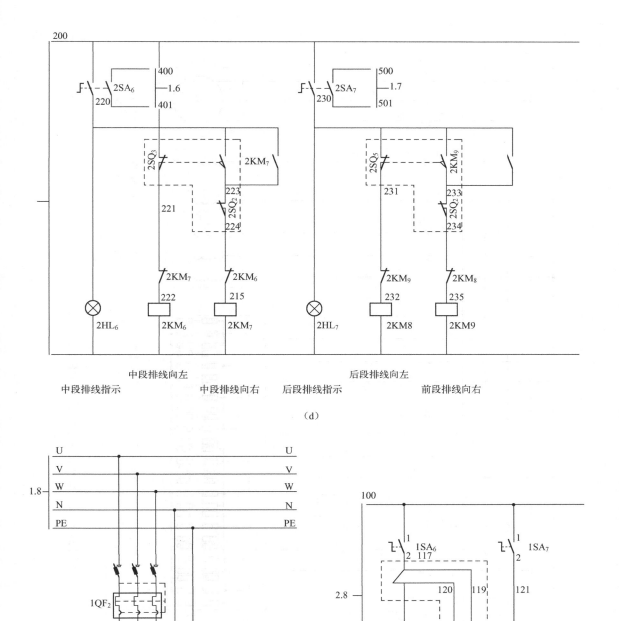

（d）

（e）

图 3-18　连续退火设备电气控制原理图（续）

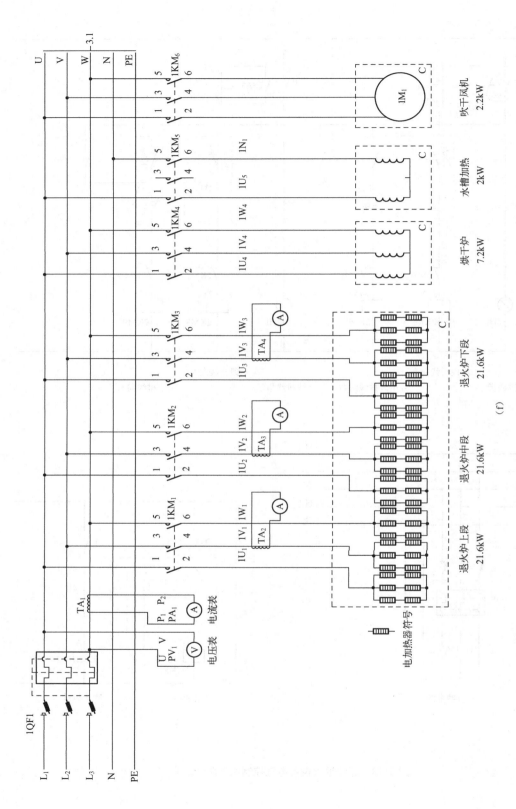

图 3-18　连续退火设备电气控制原理图（续）

（f）

退火设备控制电路可分为排线、卷取两个部分，其检修流程如图 3-19 和图 3-20 所示。

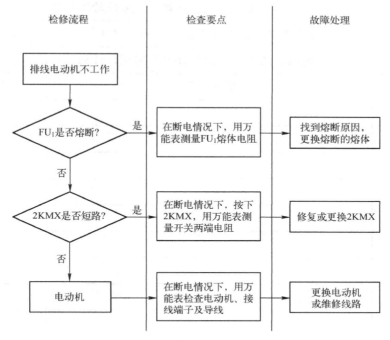

图 3-19　排线电路检修流程

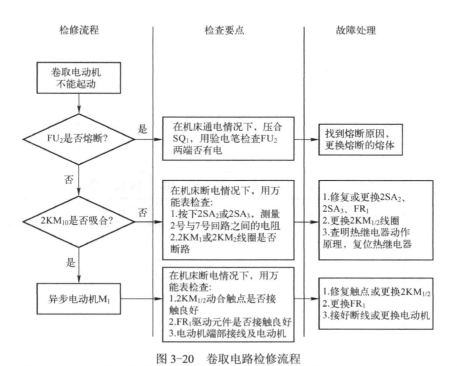

图 3-20　卷取电路检修流程

计 划 单

学习领域	电线电缆拉丝机电气系统检测与维修		
学习情境	电线电缆拉丝机电气系统检测与维修	学时	20
计划方式	小组讨论、成员之间团结合作共同制订计划		
序号	实施步骤	使用资源	
1			
2			
3			
4			
5			
6			
7			
8			
制订计划说明			
计划评价	班级		第 组	组长签字	
	教师签字		日期	

决 策 单

学习领域	电线电缆拉丝机电气系统检测与维修		
学习情境	电线电缆拉丝机电气系统检测与维修	学时	20
方案讨论			

	组号	任务耗时	任务耗材	实现功能	实施难度	安全可靠性	环保性	综合评价
方案对比	1							
	2							
	3							
	4							
	5							
	6							
	7							
	8							
	9							

方案评价	评语:

班级		组长签字		教师签字		月　日

材料工具清单

学习领域	电线电缆拉丝机电气系统检测与维修						
学习情境	电线电缆拉丝机电气系统检测与维修					学时	20
项目	序号	名称	作用	数量	型号	使用前	使用后
所用仪器仪表	1	万用表	检查电路、测试电路	1	MF-47		
	2	低压验电笔	检查电路、测试电路	1			
所用材料	1	导线	连接电路	若干			
	2	尼龙扎带	捆扎导线	若干			
	3	编码套管	保护导线	若干			
	4	尼龙扎带	导线标号	若干			
所用工具	1	剥线钳	剖削导线	1			
	2	电工刀	剖削导线	1			
	3	钢丝钳	剪断导线	1			
	4	斜口钳	剪断导线	1			
	5	螺钉旋具	拆卸、安装元件	1套			
	6	尖嘴钳	拆卸、安装元件	1			
班级		第　组	组长签字		教师签字		

实 施 单

学习领域	电线电缆拉丝机电气系统检测与维修		
学习情境	电线电缆拉丝机电气系统检测与维修	学时	20
实施方式	小组合作；动手实践		
序号	实施步骤	使用资源	
1			
2			
3			
4			
5			
6			
7			
8			
实施说明：			

班级		第 组	组长签字	
			日期	

作 业 单

学习领域	电线电缆拉丝机电气系统检测与维修		
学习情境	电线电缆拉丝机电气系统检测与维修	学时	20
作业方式	资料查询、现场操作		
1	电线电缆拉丝机电气控制系统的组成设备有哪些？		
作业解答：			
2	拉丝工艺的流程主要包括哪些环节？		
作业解答：			
3	分析 LDH 铜大拉丝机的电气控制原理。		
作业解答：			
4	分析小拉丝机（24D 立式拉丝机）的电气控制原理。		
作业解答：			
5	连续退火设备的工艺作用及控制原理是什么？		
作业解答：			

作业评价	班级		第　组	组长签字	
	学号		姓名		
	教师签字		教师评分	日期	
	评语：				

检 查 单

学习领域	电线电缆拉丝机电气系统检测与维修			
学习情境	电线电缆拉丝机电气系统检测与维修		学时	20
序号	检查项目	检查标准	学生自查	教师检查
1	资讯问题	回答认真、准确		
2	故障现象的观察	观察细致、准确，能够为故障检测提供参考		
3	故障分析	能够读懂电气原理图，确定故障范围合理，判断准确		
4	故障检测	会用校验灯和万用表检查电线电缆拉丝机的电气控制系统		
5	检测体表的使用	仪表使用正确、合理		
6	维修工具的使用	正确使用维修工具，用后归放原位，摆放整齐		
7	元器件的拆卸与安装	拆卸方法正确、安全；修复后，安装符合工艺要求、规范、整齐		
8	通电试车	操作熟练、安全可靠		
9	故障排除	能够排除电气控制系统常见故障		
10	维修记录	记录完整、规范		

实施说明：

班级		第 组	组长签字	
			日期	

评 价 单

学习领域		电线电缆拉丝机电气系统检测与维修			
学习情境		电线电缆拉丝机电气系统检测与维修	学时		20
评价类别	项目	子项目	个人评价	组内互评	教师评价
专业能力 （60%）	资讯（10%）	搜集信息（5%）			
		引导问题回答（5%）			
	计划（12%）	计划可执行度（5%）			
		检修程序的安排（4%）			
		检修方法的选择（3%）			
	实施（13%）	遵守机床电气检修安全操作规程（3%）			
		拆装工艺规范（6%）			
		"6S"质量管理（2%）			
		所用时间（2%）			
	检查（10%）	全面性、准确性（5%）			
		故障的排除（5%）			
	过程（15%）	使用工具规范性（2%）			
		检修过程规范性（2%）			
		工具和仪表管理（1%）			
	结果（10%）	故障排除（10%）			
社会能力 （20%）	团结协作（10%）	小组成员合作良好（5%）			
		对小组的贡献（5%）			
	敬业精神（10%）	学习纪律性（5%）			
		爱岗敬业、吃苦耐劳精神（5%）			
方法能力 （20%）	计划能力（10%）	考虑全面、细致有序（10%）			
	决策能力（10%）	决策果断、选择合理（10%）			
评价评语	班级		姓 名	学号	总评
	教师签字		第 组 / 组长签字		日期
评语：					

教学反馈单

学习领域	电线电缆拉丝机电气系统检测与维修			
学习情境	电线电缆拉丝机电气系统检测与维修	学时		20
序号	调查内容	是	否	理由陈述
1	是否明确本学习情境的学习目标？			
2	是否完成了本学习情境的学习任务？			
3	是否达到了本学习情境的要求？			
4	资讯方面的问题都能回答吗？			
5	知道拉丝机电气系统的检修流程和检修方法吗？			
6	能够正确识读拉丝机电气系统的电路图吗？			
7	能否知道拉丝机的运动情况？			
8	是否可以对电气控制系统进行检查和排除常见的故障？			
9	掌握拉丝机电气系统的配线工艺和安装工艺吗？（请在下面回答）			
10	本学习情境还应学习哪些方面的内容？			
11	本学习情境学习后，还有哪些问题不明白？哪些问题需要解决？（请在下面回答）			

您的意见对改进教学非常重要，请写出您的建议和意见：

调查信息	被调查人签名		调查时间	

学习情境 4　电线电缆绞线机设备及其电气控制系统维修

本学习情境任务单

学习领域	电线电缆框式绞线机电气系统检测与维修		
学习情境	电线电缆框式绞线机电气系统检测与维修	学时	20
布　置　任　务			
学习目标	☺ 能够对框式绞线进行操作，知道绞线机的各种状态、加工范围及操作方法。 ☺ 能够按照电路图的识图原则识读绞线机的电气接线图，知道电气元件的分布位置和布线情况。 ☺ 能够检测并排除绞线机系统的各种电气故障。 ☺ 知道绞线系统电气设备维修安全操作的相关规定及检修流程。		
任务描述	现有一套电缆绞线生产线系统，检测并排除故障，使其达到正常工作状态，具体任务要求如下所述。 ☺ 观察设备状态，询问操作工人，记录工人对故障的描述、故障发生前设备的状态、故障发生后的现象，以及车床近期的加工任务。 ☺ 根据绞线机电气控制系统原理图分析故障，判断故障发生在电气系统还是机械系统。 ☺ 按照电气设备维修安全操作的相关规定及检修流程，利用万用表、低压验电笔检测电气控制系统，确定故障点。 ☺ 使用电工维修工具排除故障。 ☺ 运行维修后的设备，观察其运行状态，测量并调整相关参数，使绞线机达到正常工作状态。		

学时安排	资讯 1 学时	计划 1 学时	决策 1 学时	实施 4 学时	检查 1 学时	评价 2 学时
提供资料	☺ 河南阳光电缆集团 ☺ 上海起帆电缆公司 ☺ 江苏富川机电公司 ☺ 上海兆年重工集团 ☺ 安徽长江精工电工机械制造有限公司 ☺ 上海鸿得利重工公司 ☺ 东莞市精铁机械有限公司 ☺ 昆山市宏泰机电设备有限公司 ☺ 杭州三普机械有限公司 ☺ 于润伟. 机床电气系统检测与维修. 北京：高等教育出版社，2009 ☺ 邱彦龙. 机床维修技术问答. 北京：机械工业出版社，2006 ☺ 周建清. 机床电气控制. 北京：机械工业出版社，2008					
对学生的要求	☺ 必须掌握绞线机电气控制系统的常识性知识，能够熟练操作设备。 ☺ 必须读懂绞线机电气控制系统的电路图。 ☺ 必须掌握绞线机电气控制系统中元器件的安装和接线方法。 ☺ 必须学会正确使用电工工具和仪表，并做好维护和保养工作。 ☺ 实施过程中，必须时刻注意用电安全，严格遵守安全操作过程。 ☺ 按任务要求完成绞线机电气控制系统的检测、维修和调试。 ☺ 实施过程中，要爱护工具和仪表，若损坏需照价赔偿。 ☺ 严格遵守课堂纪律和工作纪律，不迟到，不早退，不旷课。 ☺ 上课时必须穿工作服，女生应戴工作帽，不许穿拖鞋上课。 ☺ 树立职业意识，并按照企业的"6S"（整理、整顿、清扫、清洁、素养、安全）质量管理体系要求自己。 ☺ 本情境工作任务完成后，需提交学习体会报告，要求另附。					

任务 1　掌握绞线机基础知识

4.1.1　导线的绞制及其工艺

将多根截面积较小的单线按一定的规则（绞线工艺或技术要求）绞合成较大截面的导电线芯的工艺过程称为绞制。

1. 绞合线芯的目的

【使线芯具有良好的柔软性】　当某种材料弯曲时，其上部受到拉力作用，而下部受到压力作用。如果把相同厚度的材料分成若干小片而同时弯曲，每一小块受力情形与上述整块材料相似。但因每小块之间可以产生滑动，其受力也相应分散，当其弯曲程度与整块材料相同时，其受力远小于整块材料；当其受力程度与整块材料相同时，其弯曲程度将超过整块材料。实心导体好比整块材料，而绞合导线好比分成若干小片的材料，所以采用绞制线芯能够增加导体的柔软性，进而增加电缆的柔韧度。这一点非常重要，因为电缆在生产制造过程或在敷设过程中，都要经常弯曲。

【防止电缆弯曲时单线跳出】　如果仅限于采用多根导线而不绞合，在电缆弯曲时将导致线芯中心线上面的导线受拉力而伸长，而线芯中心线下面的导线受压力而变短，电缆拉直后，就会引起单线跳出，甚至产生永久变形。如果采用绞线，就不会引起导线的拉长和缩短。因为当电缆弯曲时，每一节距的单线均受到同样的拉长和缩短，不会引起总长度的变化，从而避免了单线的跳出。

2. 线芯绞制工艺要素

为了将多根单线按一定方向、一定节距绞合在一起，必须要有两个运动同时来完成，即一个是单线在线盘上由绞笼带着围绕着设备中心线旋转，另一个是绞合了的线芯由牵引轮带动沿设备中心线向前做直线运动。

【绞合方向】　由于绞笼可以向左转，也可以向右转，因而可以将线芯绞合成不同的方向，即右向绞合或左向绞合。

为了判别是左向绞合还是右向绞合，可以把线芯托在伸开的手掌上，拇指为方向，以其余 4 根手指为中心线，如果单线走向与右手拇指方向一致，则线芯就是右向绞合，反之为左向绞合。绞向规定：如无特殊要求，最外层绞向为左向，其相邻层方向相反。如相应产品标准中对绞向有明确规定，则应按标准中的规定来确定绞合方向。

【绞合节距】　上面已提到，绞合是由单线同时进行两种运动（即直线和旋转）形成的，当绞笼旋转一周后，导线沿中心轴线所前进的距离称为节距。对同一根单线来说，在回复到圆周上对应位置的轴向距离即节距，要比单线拉开的实际长度小。它们之间的关系为

$$l = \sqrt{(\pi D')^2 + h^2}$$

$$h = l \sin \alpha$$

式中，l 为单线的展开长度；h 为节距；D'为绞合层单线中心间的直径，也称节圆直径；α为绞线角（也称为螺旋升角）。

在实际生产中，常以节距比或节距倍数来表示节距与绞合外径的关系。所谓节距比，就

是节距与相应层单线中心间的直径 D' 之比，以 m' 表示，称为理论节距。然而在实际应用中，往往以该层外径 D 去除节距，用 m 表示，称为实际节距比。它们和节距的关系为

$$m = \frac{h}{D}$$

$$m' = \frac{h}{D'}$$

【绞入率】 在一个节距内，单线长度与节距的差值与节距的比值，称为绞入率，以 λ 表示，即

$$\lambda = \frac{l - h}{h}$$

而在绞线的实际计算上，通常采用的是绞入系数 K。绞入系数 K 是单线的展开长度与节距的比值，即

$$K = \frac{l}{h}$$

节距和节距比是实际生产中应用较多的，其意义在于，增大节距，可以提高生产率，但节距过大，会影响绞合线芯的弯曲性能和结构的稳定性；反之，节距小了，虽然弯曲性能较好，但生产效率低下。对于电力电缆用导电线芯来说，建议采用节距比为 10～20 倍，并且应根据具体情况选取。

4.1.2　绞线机类型

绞线机的主体是放线部分，故常以放线部分的不同形式对设备类型进行分类。第一类是放线盘围绕设备中心旋转的，第二类是放线盘放置在设备中心的。

1. 绞线机分类

【第一类（放线盘放置在设备中心周围）】 分为笼式绞线机、盘式绞线机、叉式绞线机。

☺ 笼式绞线机：装备有退扭装置，既可绞制单芯电缆线芯（非压型电缆导体线芯），也可生产压型的电缆导体线芯。

☺ 盘式绞线机：没有退扭装置，如果不压型，绞出的线芯就没有笼式绞出的线芯稳定。因此适用于绞制多芯电缆的压型导体线芯，并且一般与绝缘有机结合。生产效率也比笼式高。

☺ 管式绞线机：一般多用于绞制裸电线产品，多用于 7 股导体的中心线的生产制造，如图 4-1 所示。

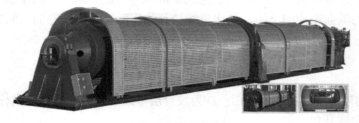

图 4-1　管式绞线机

【第二类（放线盘放置在设备中心）】 分为管式绞线机、无管式绞线机。

2．绞线机组成

绞线机一般由绞线机构、牵引装置、收排线机构、主电动机及传动系统组成。

绞线机辅助装置主要包括分线板、并线模架、压（轮）模架、计米器、断线停车装置、吊葫芦、碰焊机等。

下面以笼式绞线机为例，对绞线机各组成部分逐一进行介绍。

所谓笼式绞线机，是因放线盘装在一个、两个或多个旋转的绞笼中而得名的。笼式绞线机的规格型号是按旋转绞笼内放置的放线盘直径及放置放线盘的数量来划分的。通常绞笼分若干段，即一段、两段或多段绞笼，一般为串联布置。笼式绞线机的型号是由放线盘数、绞笼段数和放线盘直径组成的。例如，400/6+12+18+24 型笼式绞线机，即表示该绞线机分为 4 段，每段放线盘数量分别为 6、12、18、24，放线盘侧盘直径为 400mm。笼式绞线机如图 4-2 所示。笼式绞线机的基本参数见表 4-1。

图 4-2　笼式绞线机

表 4-1　笼式绞线机的基本参数

放线盘侧板直径/mm	绞笼个数	主要技术工艺参数								
		进线最大直径/mm			绞合外径/mm	节距/mm	中心孔径/mm	绞合前角（°）	转速	
		实心铜	导体铝	绞合导体					公比	级数
400	6+12	0.8	1.2	0.9	15.0	400	120	22.5	1.18	6
400	12+18	-2.5	-3.0	-3.0	21.0	500				
400	6+12+18									
500	12+18	1.0	1.5	1.0	35.0					
500	12+18+24	-5.0	-5.0	-5.0	45.0	700				
630	12+18	1.5	1.8	2.0	35.0					
630	12+18+24	-5.0	-5.0	-5.0	45.0	500				

【绞笼】 即放线部分，它是绞线机的主体，由空心轴、绞盘、摇篮架、分线板、退扭机构、托盘架和制动装置组成，如图 4-3 所示。

根据需要，设有 1～4 段绞笼，可绞制 6/12/18/24 根单线的绞层。采用不同盘数绞笼串联组合的绞笼可单独作任意方向的转动，完成相邻层不同绞向的导体绞合。也可使各段绞笼同速、同向转动，以绞制单线根数更多的绞层。例如，把 6+12+18 盘的 3 段绞笼同步按同一方向转动，可最多绞制 36 根单线的绞层。

空心轴的进线端由滚动轴承座支承，并用齿轮联轴器与绞笼变速箱的出轴相联，由绞笼变速箱传递动力。空心轴的出线端装有分线装置，两个或数个绞盘通过外锥形的瓦片销固定在空心轴上。绞笼下部由胶木托轮支撑绞盘轮缘。移动托轮径向位置，可调整绞笼中心的水平。

【放线架】 放线架的常见形式是摇篮式，如图4-4所示。摇篮架用钢板焊成，左、右两端支承与绞盘连接。左端装有退扭曲柄，与退扭环相连，中间有支承放线轴的支承座，放线架分为有轴式和无轴式两种，配备锁紧装置。放线盘的侧面装有张力轮，由调整螺钉和制动带来调节放线张力。

图4-3 笼式绞线机

图4-4 摇篮式放线架

【退扭机构】 线芯绞合时有两种绞合方法，分别为不退扭绞合和有退扭绞合。

☺ 不退扭绞合是将线盘的轴固定在绞笼上，随着绞笼的旋转，线盘也一起旋转，因此绞笼每转一转时，单线被扭转360°，其线盘在绞笼上的位置如图4-5所示。

☺ 有退扭绞合是带有单线的线盘借特殊的退扭装置始终保持在水平位置，因此单线本身只有弯曲，没有受到扭转，其线盘在绞笼上的位置如图4-5所示。

采用有退扭方法绞成的线芯没有扭转内应力，所以多用于不压型的绞线，以避免因有内应力在单线断裂时散开。

没有退扭的绞合多用于压型的线芯中，因为由于自扭产生的残余应力属于弹性变形，经过压型后为塑性变形，内应力也即消失。一般这种设备采用盘式结构，其结构紧凑，生产效率高。

若放线架固定在绞盘中，当绞笼旋转一周时，放线盘围绕设备中心要翻转一周，而放出的单线在压线模处被压住，因此单线被扭转360°，成为无退扭绞合。而退扭机构的作用是使放线盘随绞笼旋转作反向转动，形成退扭绞合。

绞线设备中常用的退扭机构分为连杆退扭机构和齿轮退扭机构。

☺ 连杆退扭机构：使摇篮架经常保持水平位置的连杆退扭机构，是根据四连杆机构原理设计的，其结构如图4-5所示，摇篮架1的左轴端穿过绞盘2的轴承孔后，与曲柄3一端固定联接，曲柄的另一端与退扭环4通过销轴非固定联接。退扭环由下部的托轮5支承，退扭环4的中心对绞笼中心向下偏一段距离，退扭环中心至与其联接的曲柄轴孔中心的半径和摇篮架至绞笼中心的距离均相等。摇篮架与曲柄垂直相联接，摇篮架就能经常保持水平位置，达到放线退扭的目的。这种退扭方法比较简单而且常用。

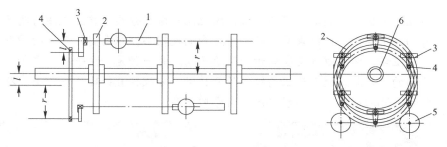

图 4-5　连杆退扭机构

☺ 齿轮退扭机构：如图 4-6 所示，这种机构较复杂，但可达到完全退扭和不完全退扭两种目的，齿轮 Z_1 固定在摇篮架的左轴端上，齿轮 Z_3 固定在空心轴轴承上，工作时不旋转，中间用齿轮 Z_2 联接，摇篮架至绞笼中心距离大时，可用多个齿轮相联接，但中间齿轮数目必须是奇数。当 Z_1 和 Z_3 齿数相等，绞笼旋转时，齿轮 Z_1 和摇篮架能经常保持固定的方位，使单线达到完全退扭或不退扭效果。

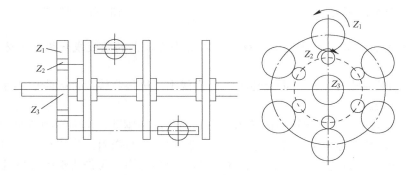

图 4-6　齿轮退扭机构

【牵引装置】　对牵引装置的要求是必须运行稳妥，牵引速度均匀，并且能变速，以满足生产不同规格绞线的节距要求。牵引装置分为轮式牵引和履带式牵引两种。

☺ 轮式牵引：又分为单轮和双轮两种，轮式牵引结构简单，应用普遍，使用时需要收线部分具有一定的拉力。由于设备中心高大多约为 1m，因此牵引轮直径超过 1m 时需要挖地坑。

↳ 单轮牵引：如图 4-7 所示，由牵引轮、分线环和变速箱等组成。一般采用 27 级变速箱。改变齿轮箱中的 3 个滑移齿轮的啮合位置，可以得到公比不同的输出转速，再经小齿轮和牵引轮上的大齿轮传动牵引轮。绞线在轮面上绕 3~4 周后，引到收线装置。转动中的牵引轮依靠收线拉力和缠绕在其上的数圈绞线产生的摩擦力，使绞线以与牵引轮相同的线速前进。通常在牵引轮上设有分线环，分线环斜套在牵引轮上同时转动，在与牵引轮转动的同时，分线环将绞线向外侧推移。由于分线环迫使绞线在轮面上平移，绞线与轮面之间产生摩擦，对绞线表面质量不利。

↳ 双轮牵引：如图 4-8 所示。两个索引轮通常是水平方向排列的，右轮起牵引作用，左轮起分线作用。轮周表面开有 4~8 个半圆弧槽。由于在一个轮面上的绞线互不挤压，绞线之间互不接触，因此比单牵引分线可靠。绞线与轮面之间也无滑动，不会擦伤绞线表面，对圆整度影响也较小。双牵引传动有两种形式，一种是双主动，两轮都有变速箱齿轮同速传动。另一种是一主一从，左侧的分线轮是从动的，只是由绕在轮上的绞线带着转动。分线轮直径比主动轮小。双牵引中的两轮占地面积较大，传动也比单轮牵引复杂。

图 4-7　单轮牵引　　　　　　　　　　　图 4-8　双轮牵引

☺ 履带式牵引：装置占地较少，对要求弯曲半径较大的绞线或绝缘线芯宜采用履带式牵引。

履带式牵引装置占地小，不需要地坑，可实现不停机换收线盘，被牵引的制品不承受弯曲，但其结构复杂。

如图 4-9 所示，上、下导轮由齿轮箱传出的两条皮带驱动，由中间的数组加压气缸和导辊压紧。左边导轮由张紧气缸张紧，导轮带动夹持住电缆的牵引皮带移动。牵引力的大小可通过调节进入加压气缸的压缩空气的气压来改变。老式结构的履带式牵引装置的牵引带多采用齿形带式在链条上装橡胶块。

图 4-9　履带式牵引

【收排线装置】　绞线机用的收排线装置一般采用立柱式。立柱式收线装置分光轴型（即有轴式）和端轴型（即顶尖式）两种，根据收线盘的大小，常采用 800/1600mm、1000/2000mm、1250/2500mm 3 种规格的收线装置，由收线架和排线架组成，如图 4-10 和图 4-11 所示。

图 4-10　收线架

图 4-11　收线装置

收线盘由轴杆式顶尖支承在收线架两个立柱的线盘支承座上，可沿立柱导轨面机动升降。顶尖式的收线架的左立柱可沿底座导轨水平横向移动，以适应不同规格收线盘的宽度要求。收线盘的旋转动力由安装在排线架右端的收线变速箱经万向联轴节、锥齿轮或蜗杆、蜗轮传动，可得到 6 级变速。收线传动中，为了保持从空盘到满盘具有较恒定的收线张力，常采用力矩电动机或滑差电动机，先进的收线装置则采用直流电动机作为动力。

收线盘旋转的同时，由排线杆带动线缆横移作排线运动，排线机构有棘轮机构间歇移动，正反螺纹丝杠反向的形式包括连续传动单螺纹丝杠作排线及锥齿轮反向机构反向形式，还有光杠排线器机构及单独电动机传动，断续延时控制的排线装置。目前大型的绞线机常用单独电动机信号排线，在收线变速箱装有发信盘，发信盘与收线盘同步转动，由晶体管接近开关控制排线电动机动作，经减速后传动排线丝杠达到排线目的。根据绞线外径大小，调节操作台上延时继电器，可满足不同排线节距的要求。

3．其他常见类型绞线机

【盘式绞线机】　生产电力电缆线芯的绞线机常采用盘式。盘式绞线机的规格型号与笼式绞线机相似，也是按放线盘直径、线盘数量和配置来确定的。单线放线盘装置在旋转的绞线盘两侧，绞线盘数量可以是一个、两个或三个，放线盘的直径多为 400mm 及 500mm。常用两段或三段组成。

盘式绞线机的组成部分与笼式绞线机的组成基本相同，不同的只是放线部分的绞笼，其结构比笼式绞线机的绞笼简单，但不能退扭。

盘式绞线机的绞笼由一个或数个圆盘状绞盘构成，在绞盘的一侧或两侧圆周各装置 6 个放线盘，绞盘固定在空心轴上，空心轴前端有分线板。单线从套在短轴上的放线盘上放出，经过导轮转向后，经分线板进入并线模。一个绞盘的两侧共安装 12 个放线盘，放线部分占地小，与笼式绞线机一样，可分成若干段，各段转向可相同也可不同，以适应绞制不同绞向的绞层。由于绞盘转动方向与放置线盘的短轴垂直，因此锁紧线盘比较简单，如图 4-12 所示。

【叉式绞线机】　叉式绞线机因装置放线盘的架子像叉子而得名。叉式绞线机的绞笼部分由叉架、空心轴和分线板等组成。空心轴上固定数个互相交错或成一字排列的叉架，每个叉架上可放置 2 个、3 个或 4 个放线盘。单线穿线与笼式相似。整机也可由 6、12、18 或 24 等不同盘数的数段组成。每段转向可不相同，以便制出各层绞向不同的绞线。绞笼左端有齿轮变速箱，变速箱的最后一个大齿轮直接安装在空心主轴左端，空心主轴的右端由滚动轴承支承，绞笼变速箱与左边第一个叉架之间的空心主轴上还安装有制动轮。为了使绞笼停转在适当位置，在主传动系统中另有一套慢速点动装置，由一个电磁离合器控制。

图 4-12　盘式绞线机

与笼式绞线机相比，由于叉式绞线机放线部分结构坚固、紧凑，放线盘靠近空心轴安置，转动惯量大大减小，因而可使转速提高很多。

另外，还有放线盘呈一字排列的框式绞线机。框式绞线机的放线装置结构简单，操作方便，可进行机械化操作，一次同时可更换若干个线盘，生产效率大大提高。而且，框式绞线机转速很快，生产时线速度很高。

【管式绞线机】　管式绞线机用于铜、铝或其他合金绞线的绞制，也可用于钢芯铝绞线的生产及各类复绞线的复绞。

管式绞线机与笼式绞线机的主要区别在于完成绞制的放线部分结构不同，它的外表是管筒，称为线筒体。筒体壁上开有装卸线盘用的窗口，装有放线盘的摇篮架悬挂在筒内腹板的支承上，其重心位于筒体中心轴线之下。筒体左向或右向旋转时，摇篮架保持水平，起退扭作用。线盘的支承方式为无轴式，盘数组合一般为 6 及 12 盘，如图 4-13 所示。

各放线盘的单线经筒体中心的穿线孔引向筒内壁上的导轮，沿管壁前进，从筒体右方的分线板上的各个孔引向并线模。现在也有管外穿线式的管绞机，单线在管体外壁导轮穿向分线板，以利于操作。

绞线筒体由绕线式电动机经传送带带动齿轮箱作高速旋转，筒体的下部有数组托轮支撑。托轮可微调，以便保持管体的中心位置。筒体外侧有由液压制动器推动的制动装置。摇篮架内的放线盘有张力装置控制，其结构与笼式绞线机的相似。

国外的管式绞线机性能、结构比较先进，当断线、缺线、计米达到预定长度、气垫压力不足时，均能自动停车。

【束线机】　束线机如图 4-14 所示。单节距和双节距的束线原理如图 4-15 所示。其中图 4-15（a）和（b）所示的是单节距束线机收线部分，图 4-15（c）和（d）所示的是双节距束线机收线部分。在图 4-15（a）中，摇篮及收线盘同时转动，各单线进入收线部分后，随摇篮和收线盘的转动进行束线，每旋转一周产生一个节距。在图 4-15（b）、（c）和（d）中，都是回转体转动而收线盘浮动，摇篮在回转体里面。而图 4-15（b）中的各根单线进入收线部分后，沿回转体只转半圈便被收绕到收线盘，所以回转体每旋转一周，束线只在甲处产生一个节距。图 4-15（c）和（d）中的各根单线是沿回转体和设备中心转一整圈再进入收线盘，束线在甲、乙两处各产生一个节距，即回转体每旋转一周，束线共产生两个节距。

图 4-13　管式绞线机

图 4-14　束线机

此外，图 4-15（a）和（c）中收线盘中心垂直于设备回转体中心（线盘顺放），设备结构比较简单，但装卸线盘不方便，需用起重设备。图 4-15（b）和（d）中收线盘中心线平行于设备旋转体中心（线盘横放），装卸线盘时较方便，可利用装卸线盘机构使线盘直接从设备中滚出，这对大规格的束线机尤为适用，但束线需在排线杆上垂直转折后再绕到收线盘上。

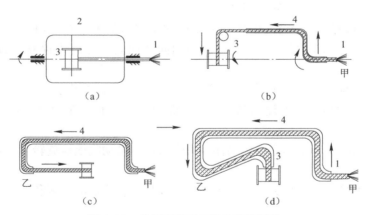

图 4-15　单节距和双节距的束线原理

图 4-14 所示的是 JS400 型束线机，适用于塑料绝缘及橡胶绝缘电线电缆的铜、铝线芯绞合。其结构主要由机架、摇篮、线盘进/出导轨、油箱、线盘升降机构、护罩、断线停车装置和电气控制装置组成。

【回转体】 回转体是束线机收线部分的主要零部件之一，它的形式和材质对其旋转速度的高低有直接影响。

〖注意〗因为在 2000～3000r/min 的高速情况下，回转体的转动惯量很大，要求材料强度较高，这是设计时应该注意的问题。

双节距束线机的摇篮浮动在机架中，束线节距是利用杆形或类似的回转体的旋转而产生的，所以要求回转体体积小、强度高，以使其质量轻、转动惯量小，满足高速旋转的性能要求。

常见的回转体形式有图 4-16 所示的 3 种。摇杆式回转体具有单边传动的优点，可简化传动系统，但是回转体的总质量较大，离心力大，不易减小转动惯量，所以转速提高较小，传动功率消耗也较大。回转弓式回转体由转臂和穿线弓组成。由于回转弓呈抛物线形状，适于高速转动。虽然在高速时有响声，占用空间较大，但仍不失为一种较好的形式。回转弓一般采用高强度的薄钢板或碳素纤维复合材料制成，上面固定数个穿线模嘴。导线管式回转体由两个菱形的转臂和导线管组成，由于导线管较短，径向尺寸较小，所以其转动惯量较小。

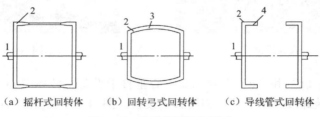

（a）摇杆式回转体　　（b）回转弓式回转体　　（c）导线管式回转体

图 4-16　常见的回转体形式

回转弓式和导线管式的回转体都需从两侧传动，并且转速必须完全同步，否则会造成线束受损，因而传动机构要比摇杆式回转体稍为复杂。

【牵引装置及收排线机构】　双节距束线机的牵引装置和收/排线机构都装置在浮动的摇篮中，因此机构紧凑，减小了收线部分的轴向和径向尺寸，为提高回转体的转速创造了条件。

安装在摇篮右侧的牵引装置由变速箱和双牵引轮组成。牵引变速箱由主传动齿轮箱传入动力，可变换牵引速度。变速箱联接着装有带槽的牵引轮，箱内设有左、右绞向的换向机构。

从牵引变速箱的传动主轴，经传动件和离合器，可带动收线盘旋转。离合器可起到调整收线张力的作用。

收线盘的支承采用无轴顶尖式，用机械装卸线盘，收线盘的顶紧和松开用手轮经螺旋机构实现。

对排线机构的要求是调整排线节距容易，并且机构尺寸要小，一般采用光杆排线结构。光杆排线靠 3 个转环和光杆的摩擦力而移动，排线节距的大小靠调节转环的偏角来实现。

束线节距的大小取决于牵引线速与回转体转速的配合关系。回转体的转速是固定的，根据节距表可查出一定节距的束线所对应的牵引变速手柄的位置，调整变速手柄的位置即可得到所需束线的节距长度。

有些束线机采用测速电动机和电磁滑差离合器作为束线节距长度的调整系统。电磁滑差离合器装在收线盘前，在计米装置和右侧机架内都装有测速发电机。束制前，先按束线节距要求给以长度信号，在束制过程中，如果节距长度出现变化，调整节距的输出信号就会反馈到励磁线圈，自动控制束线节距长度保持不变。这种方法除不需要牵引轮及其传动系统外，还可无级调整节距长度。

【装卸线盘机构】 线盘横放的束线机除 800 和 1000 两种规格的需用起重设施装卸线盘外，其余规格的均可利用液压或螺旋机构装卸线盘。收线盘经束线机后侧下方的导轨滚入机内的线盘托斗，由液压系统或机械系统使线盘升到摇篮的上盘位置，然后可手动顶紧线盘。线盘收满线后，液压系统或机械系统使线盘降到导轨高度，托斗自动翻转，线盘即可顺导轨滚出。

> **〔注意〕** 液压系统或机械系统的电动机与主电动机要严格互锁，保证只有在主机完全停车时，才能起动装卸线盘电动机，当托斗刚离开其最低位置时就不能点动电动机，严防摇篮回转体打坏托盘机构。

【放线装置及其他设备】 摇篮中安装有机械传动式计米器，可以显示电缆生产长度，也可以按电缆规定的生产长度实现自动停车。

束线机的断线停车装置分为如下两种形式：

☺ 在并线模前设置金属环：与一般绞线一样，各单线在并线模前成圆形分布，当某放线盘上单线用完或断线时，线头就会甩到金属环上，装置即刻断电停车。这种装置的缺点是线头已接近收线，容易进入线束中而造成束线局部缺股，其补救的方法是放长并线模与收线盘之间的距离，以便于修线。

☺ 将断线停车装置安装在放线架上：每盘放线架的单线下方装有金属杆，当完线或断线触杆时，主机可立即停车。这种装置可在离收线装置的较长距离处安装，可显示断线或单线用完。如果在金属杆后断线，有时就不能起到作用。

以上的断线停车装置还不十分可靠灵敏，所以还需要操作人员时刻检查，以免束线缺股。

放线装置虽然不是束线机的主体，但对生产效率有很大影响。通常束制的单线多达数十根，若单线较细时，就得要求小的放线阻力，以防单线被拉断，并且在停车时应立即或尽快停止放线，以免把各单线搞乱。

目前常用的是卧式双节距束线机，经过不断改进与提高，特别是采用新技术后发展很快，生产效率有了很大提高，使用范围不断扩大，不仅可用来制造裸线的股线和束制线芯，还可以束代绞。大型束线机可以进行小截面的橡、塑、纸绝缘电力电缆线芯的绞合，还可以用做通信电缆线芯的对绞、星绞及其他绞合。

单节距束线机转速低，生产效率不高，但在束制单线根数较少的情况下，因其单线排列较有规律，可代替绞线机的正规绞合，它的工作效率比绞线机还是高得多。

任务 2　学习 JIK-6+12+18+24/500(630)框式绞线机工作原理

安徽长江精工电工机械制造有限公司生产的 JIK-6+12+18+24/500(630)框式绞线机主要适用于圆形导体、扇形导体、紧压圆形导体等电力电缆的绞制。

4.2.1　设备组成

☺ 放线架　　　　　　　　　　　　　　　☺ 计米器

☺ 井式导线架 ☺ 双轮牵引机

☺ 绞体 ☺ 收/排线架

☺ 并线紧压装置 ☺ 机械传动系统（地轴传动选用）

☺ 整体上盘装置（整体上盘选用） ☺ 电气控制系统

☺ 预扭紧压装置(绞制分割导体选用) ☺ 安全防护系统

☺ 非金属绕包装置（选择使用） ☺ 上盘吊具（单盘上盘选用）

绞线工作流程如图 4-17 所示。绞线机结构示意图如图 4-18 所示。绞线机的实物图如图 4-19 至图 4-22 所示。

图 4-17　绞线工作流程

图 4-18　绞线机结构示意图

图 4-19　JIK-6+12+18+24/500(630)框式绞线机整体图

（a）绞线盘　　　　　　　（b）绞合　　　　　　（c）电动机　　　　　（d）齿轮

图 4-20　JIK-6+12+18+24/500(630)框式绞线机局部图

106

图 4-21　框绞部分结构

图 4-22　绞线机收线装置

4.2.2　结构特点

☺ 绞笼旋转体采用悬挂双支撑形式，支撑轴承为双列向心球面滚子轴承，自动调心。使绞笼旋转轻巧、活络。

☺ 国际先进水平的断线后完全自动紧急停止装置，使操作工无须考虑断线后的接线问题，产品质量得到可靠保证。

☺ 预成型装置使绞合导体单线无应力、排线紧贴、整体切断后不松股。

☺ 牵引机构自然分线、常规强制分线引起导体擦毛、挤伤现象得到有效解决。

☺ 直流传动、PLC 控制确保整机协调工作。

4.2.3　技术参数

☺ 中心放线盘：PND500。

☺ 单线直径：铜 $\phi 1.5 \sim \phi 4.5$；铝 $\phi 1.8 \sim \phi 5$。

☺ 导体紧压绞合：铜 500mm^2；铝 630 mm^2。

☺ 绞线转速：$63 \sim 147$r/min。

☺ 牵引轮直径：2000（双主动）。

☺ 牵引线速：$6.876 \sim 51$m/min。

☺ 绞合节距：$47 \sim 825$。

☺ 主机功率：110kW（DC）

☺ 框内放线盘规格：PND500。

☺ 框架转速: 63～148r/min（6 级变速）。

☺ 收线架: PN1250～2500。

☺ 装机总功率: 142kW。

☺ 空气压缩机功率: 4kW（用户自备气源或压缩机）。

☺ 设备中心高: 1000mm。

4.2.4 设备操作基础

1. 开机前的准备

用专用工具打开电气控制柜门。电气控制柜如图 4-23 所示。

图 4-23　电气控制柜

检查交流接触器、热继电器、熔断器、变压器，以及各接线端子及接地端子是否连接可靠，将松动的导线紧固。

2. 开机

将操作台的操作手柄置于"停止"位置，然后合上电源开关，如图 4-24 所示。合上操作手柄"准备"后，准备信号灯点亮。按动"打铃"按钮，则响铃开始；松开"打铃"按钮，则响铃延迟 30s 停止。

图 4-24　触摸屏与控制面板

〖**主轴电动机的控制**〗操作主轴电动机。框绞"启动/停止"的控制可以分别通过按钮和触摸屏进行控制，如图 4-24 与图 4-25 所示。

"停止"按钮是急停按钮，按下后不能自动复位，需手动顺时针旋转才能复位；"启动"按钮是主轴电动机的启动按钮。另外，"点动"按钮也可以作为电动机的启动和测试按钮；"打铃"按钮作为警示按钮来控制响铃。

为了观察主轴电动机和电气控制柜内部电气元件的动作情况，可以按表 4-2 逐项操作，并做好记录。

表 4-2　主轴电动机和电气控制柜内部电气元件的动作情况表

序　号	操 作 内 容	观察目标	正 常 结 果
1	按下"启动"或"点动"按钮	KM	吸合
		主轴	运转
2	按下"停止"按钮	KM	释放
		主轴	停转

主轴电动机的控制过程如下所述。

☺ 起动：按下"启动"或"点动"按钮→KM 线圈通电吸合并自锁→KM 主触点吸合→主轴电动机通电运转。

☺ 停止：按下"停止"按钮→KM 线圈断电→KM 主触点断开→主轴电动机断电停转。

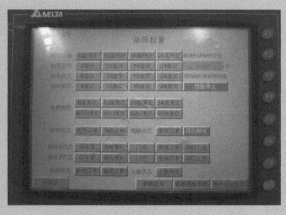

图 4-25　触摸屏控制面板显示

图 4-26 所示的是主轴电动机控制面板。图 4-27 所示的是收线架控制面板。

图 4-26　主轴电动机控制面板

图 4-27　收线架控制面板

4.2.5　设备控制电路检修原理

JIK-6+12+18+24/500(630)框式绞线机控制原理图如图 4-28 所示。

109

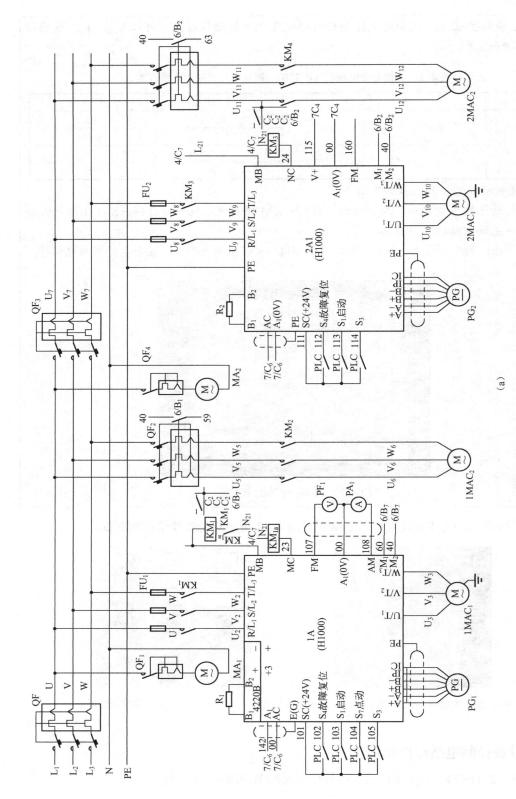

图 4-28 JIK-6+12+18+24/500(630)框式绞线机控制原理图

(a)

110

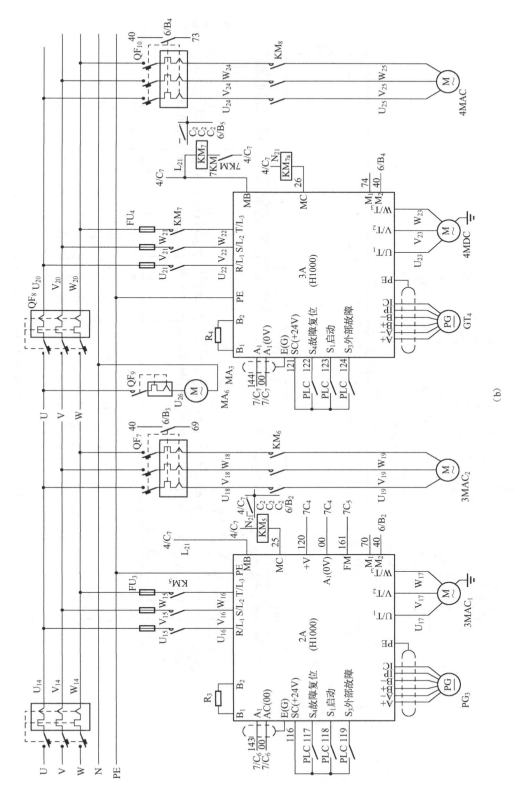

图 4-28 JIK-6+12+18+24/500(630)框式绞线机控制原理图（续）

(b)

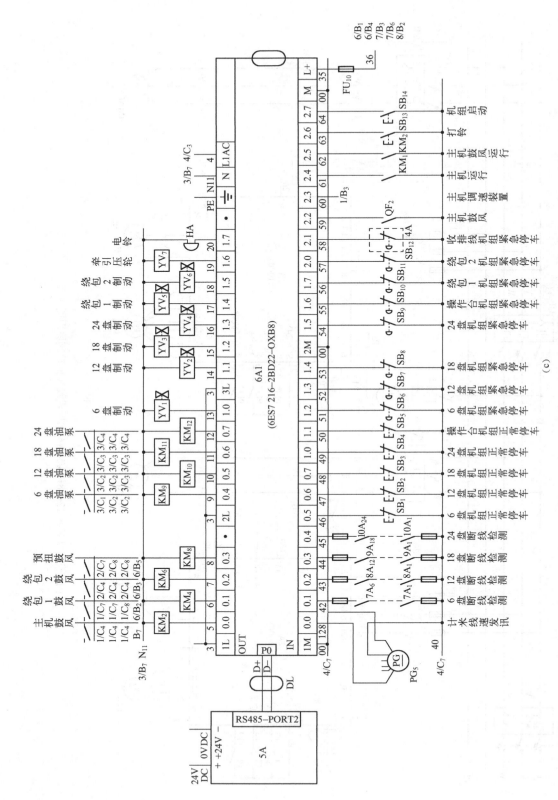

图 4-28　JIK-6+12+18+24/500(630)框式绞线机控制原理图（续）

(c)

112

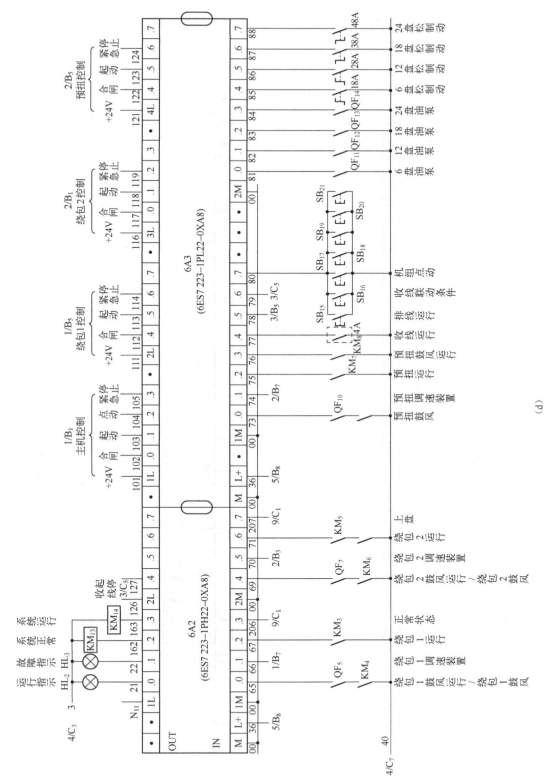

图 4-28 JIK-6+12+18+24/500(630)框式绞线机控制原理图（续）

(d)

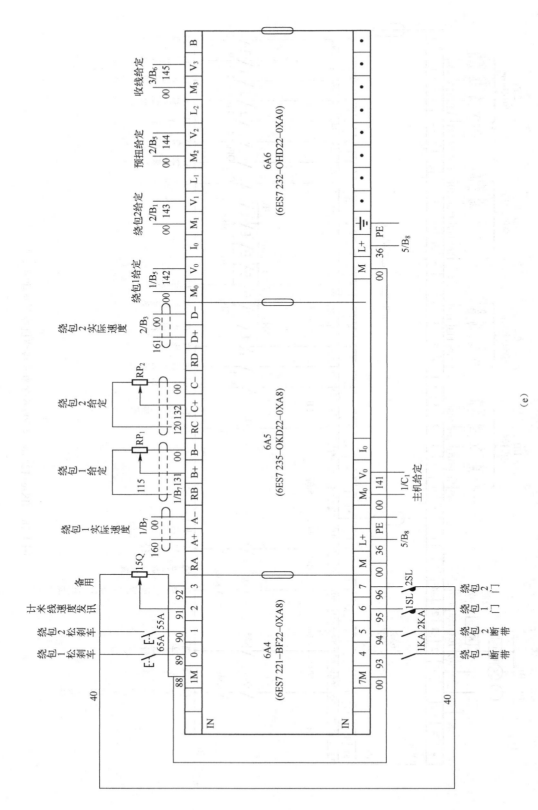

图 4-28 JIK-6+12+18+24/500(630)框式绕线机控制原理图（续）

（e）

114

框绞机控制电路可分为电铃、主回路、油泵 3 个部分，各部分检修流程如图 4-29 至图 4-31 所示。

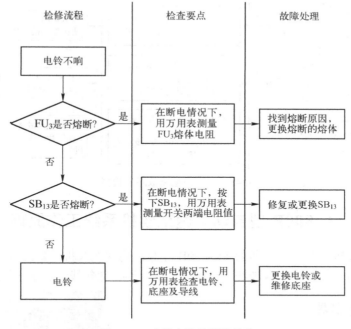

图 4-29　响铃电路故障的检修

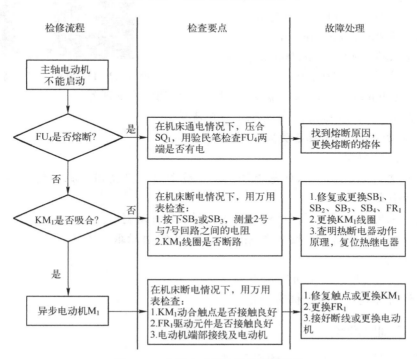

图 4-30　主轴电动机电路故障的检修

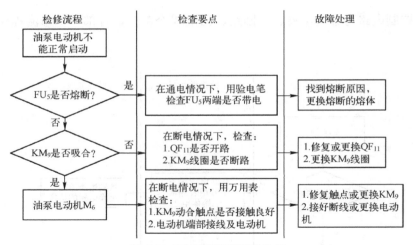

图 4-31　油泵电路故障的检修

任务 3　了解 FC-800B 型自动高速束丝机系统工作原理

小绞线机以江苏富川机电公司的 FC-800B 型自动高速绞线机（如图 4-32 所示）为例进行介绍，该绞线机主要适用于裸绞线、镀锡线、铜包铝、漆包线、合金线等绞合。

4.3.1　主要性能参数

☺ 单丝直径范围：$\phi 0.2 \sim \phi 1.72$mm。

☺ 绞合外径范围：$\phi 1.0 \sim \phi 5.5$mm。

☺ 束线截面积：$0.80 \sim 16$mm^2。

☺ 收线盘规格：$\phi 800$mm$\times 600$mm$\times \phi 80$mm。

☺ 绞弓最高转速：1200r/min。

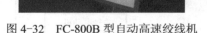

图 4-32　FC-800B 型自动高速绞线机

☺ 排线：$\phi 40$mm 光杆轴承式排线，排幅、排距均可准确调整。

☺ 束丝绞距：$20 \sim 160$mm（详见确定绞距清单）。

☺ 主机驱动：15kW 交流电动机+变频器。

☺ 装铜量：约 800kg。

☺ 绞向：左、右换向可以任意选择。调整绞向时，只需用手扳动排线器处换向杆即可，操作简单。

☺ 制动：采用电磁刹车器，内外部断线、到米时自动制动。

☺ 张力控制：磁粉离合器控制收线张力，由 PLC 自动跟踪调节张力，保持空盘到满盘张力恒定。

☺ 装卸线轴：采用手动泵油压升降。

☺ 主轴润滑方式：飞溅式机油润滑。

4.3.2　电气控制原理图

A 型绞线机电路控制原理图如图 4-33 所示。

绞线机人机界面控制原理图如图 4-34 所示。

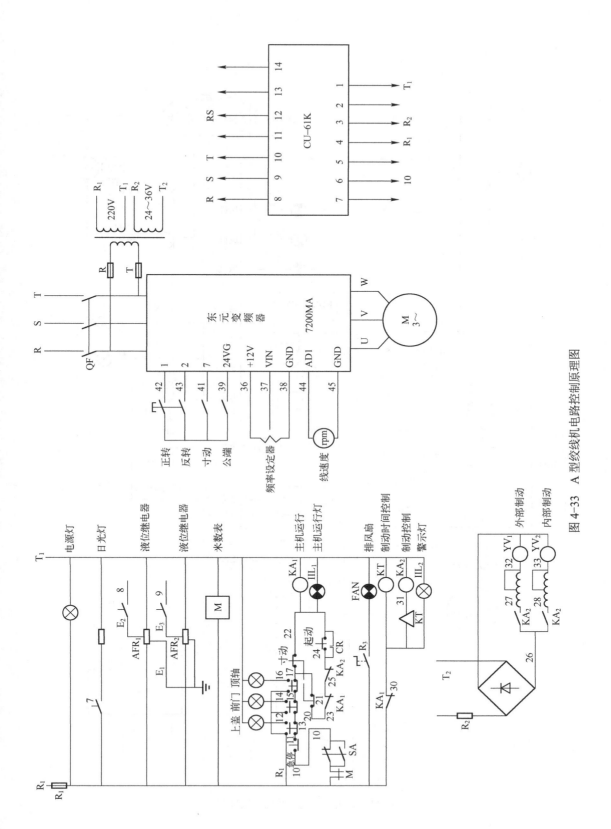

图 4-33 A 型绞线机电路控制原理图

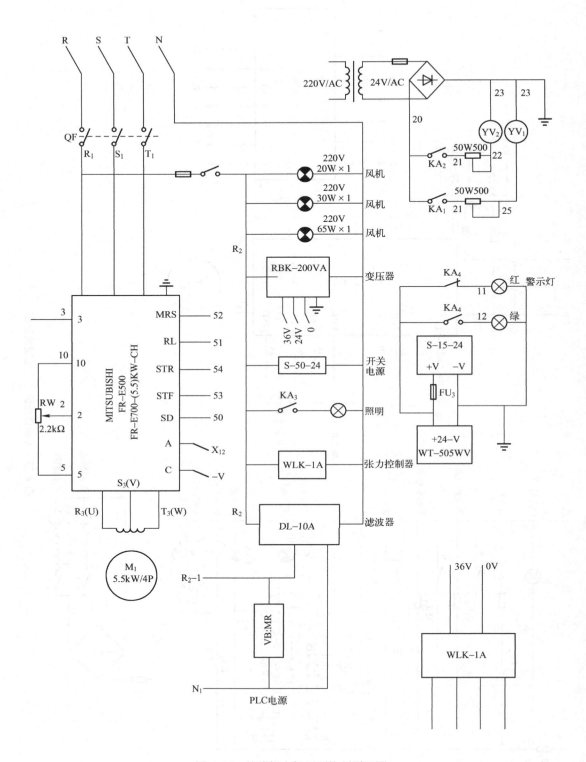

图 4-34　绞线机人机界面控制原理图

显而易见，这是一个变频器调速系统，通过该系统可以实现电动机的启动和停止，并可以完成电动机的精确调速，能够起到很好的控制效果，具体原理和操作详见学习情境 2 任务 5 的介绍。

计 划 单

学习领域	电线电缆框式绞线机电气系统检测与维修				
学习情境	电线电缆框式绞线机电气系统检测与维修			学时	20
计划方式	小组讨论、成员之间团结合作共同制订计划				
序号	实施步骤			使用资源	
1					
2					
3					
4					
5					
6					
7					
8					
制订计划说明					
计划评价	班级		第　组	组长签字	
	教师签字			日期	

决　策　单

学习领域	电线电缆框式绞线机电气系统检测与维修		
学习情境	电线电缆框式绞线机电气系统检测与维修	学时	20

<table>
<tr><td colspan="9" align="center">方案讨论</td></tr>
<tr><td rowspan="10">方案对比</td><td>组号</td><td>任务耗时</td><td>任务耗材</td><td>实现功能</td><td>实施难度</td><td>安全可靠性</td><td>环保性</td><td>综合评价</td></tr>
<tr><td>1</td><td></td><td></td><td></td><td></td><td></td><td></td><td></td></tr>
<tr><td>2</td><td></td><td></td><td></td><td></td><td></td><td></td><td></td></tr>
<tr><td>3</td><td></td><td></td><td></td><td></td><td></td><td></td><td></td></tr>
<tr><td>4</td><td></td><td></td><td></td><td></td><td></td><td></td><td></td></tr>
<tr><td>5</td><td></td><td></td><td></td><td></td><td></td><td></td><td></td></tr>
<tr><td>6</td><td></td><td></td><td></td><td></td><td></td><td></td><td></td></tr>
<tr><td>7</td><td></td><td></td><td></td><td></td><td></td><td></td><td></td></tr>
<tr><td>8</td><td></td><td></td><td></td><td></td><td></td><td></td><td></td></tr>
<tr><td>9</td><td></td><td></td><td></td><td></td><td></td><td></td><td></td></tr>
<tr><td>方案评价</td><td colspan="8">评语：</td></tr>
<tr><td>班级</td><td></td><td colspan="2">组长签字</td><td></td><td colspan="2">教师签字</td><td>　　　月　　日</td></tr>
</table>

120

材料工具清单

学习领域	电线电缆框式绞线机电气系统检测与维修						
学习情境	电线电缆框式绞线机电气系统检测与维修					学时	20
项目	序号	名称	作用	数量	型号	使用前	使用后
所用仪器仪表	1	万用表	检查、测试电路	1	MF-47		
	2	低压验电笔	检查、测试电路	1			
所用材料	1	导线	连接电路	若干			
	2	尼龙扎带	捆扎导线	若干			
	3	编码套管	保护导线	若干			
	4	尼龙扎带	导线标号	若干			
所用工具	1	剥线钳	剖削导线	1			
	2	电工刀	剖削导线	1			
	3	钢丝钳	剪断导线	1			
	4	斜口钳	剪断导线	1			
	5	螺钉旋具	拆卸、安装元器件	1套			
	6	尖嘴钳	拆卸、安装元器件	1			
班级		第　组	组长签字		教师签字		

实 施 单

学习领域	电线电缆框式绞线机电气系统检测与维修		
学习情境	电线电缆框式绞线机电气系统检测与维修	学时	20
实施方式	小组合作；动手实践		
序号	实施步骤	使用资源	
1			
2			
3			
4			
5			
6			
7			
8			

实施说明：

班级		第 组	组长签字	
			日期	

作 业 单

学习领域	电线电缆框式绞线机电气系统检测与维修		
学习情境	电线电缆框式绞线机电气系统检测与维修	学时	20
作业方式	资料查询、现场操作		
1	电线电缆的线芯为什么需要绞合？		
作业解答：			
2	电线电缆框式绞线机组成设备及各部分的作用是什么？		
作业解答：			
3	电线电缆框式绞线的工艺流程是什么？		
作业解答：			
4	总结 JIK-6+12+18+24/500(630)框式绞线机的电气控制原理。		
作业解答：			
5	总结 FC-800B 型自动高速束丝机的工作原理。		
作业解答：			
作业评价	班级		第 组	组长签字	
	学号		姓名		
	教师签字		教师评分		日期	
	评语：				

检 查 单

学习领域	电线电缆框式绞线机电气系统检测与维修			
学习情境	电线电缆框式绞线机电气系统检测与维修		学时	20
序号	检查项目	检查标准	学生自查	教师检查
1	资讯问题	回答认真、准确		
2	故障现象的观察	观察细致、准确，能够为故障检测提供参考		
3	故障分析	能够读懂电气原理图，故障范围合理、判断准确		
4	故障检测	会用校验灯和万用表检查电线电缆框式绞线机的电气控制系统		
5	检测仪表的使用	仪表使用正确、合理		
6	维修工具的使用	正确使用维修工具；用后归放原位，摆放整齐		
7	元器件的拆卸与安装	拆卸方法正确、安全；修复后，安装符合工艺要求、规范、整齐		
8	通电试车	操作熟练、安全可靠		
9	故障排除	能够排除电气控制系统常见故障		
10	维修记录	记录完整、规范		

实施说明：

班级		第 组	组长签字	
			日期	

124

评 价 单

学习领域	电线电缆框式绞线机电气系统检测与维修					
学习情境	电线电缆框式绞线机电气系统检测与维修			学时		20
评价类别	项目	子项目	个人评价	组内互评	教师评价	
专业能力（60%）	资讯（10%）	搜集信息（5%）				
		引导问题回答（5%）				
	计划（12%）	计划可执行度（5%）				
		检修程序的安排（4%）				
		检修方法的选择（3%）				
	实施（13%）	遵守机床电气检修安全操作规程（3%）				
		拆装工艺规范（6%）				
		"6S"质量管理（2%）				
		所用时间（2%）				
	检查（10%）	全面性、准确性（5%）				
		故障的排除（5%）				
	过程（5%）	使用工具规范性（2%）				
		检修过程规范性（2%）				
		工具和仪表管理（1%）				
	结果（10%）	故障排除（10%）				
社会能力（20%）	团结协作（10%）	小组成员合作良好（5%）				
		对小组的贡献（5%）				
	敬业精神（10%）	学习纪律性（5%）				
		爱岗敬业、吃苦耐劳精神（5%）				
方法能力（20%）	计划能力（10%）	考虑全面、细致有序（10%）				
	决策能力（10%）	决策果断、选择合理（10%）				
评价评语	班级		姓　名		学号	总评
	教师签字		第　　组	组长签字		日期
评语：						

教学反馈单

学习领域	电线电缆框式绞线机电气系统检测与维修			
学习情境	电线电缆框式绞线机电气系统检测与维修	学时		20
序号	调查内容	是	否	理由陈述
1	是否明确本学习情境的学习目标？			
2	是否完成了本学习情境的学习任务？			
3	是否达到了本学习情境的要求？			
4	资讯的问题都能回答吗？			
5	知道框式绞线机电气系统的检修流程和检修方法吗？			
6	能够正确识读框式绞线机电气系统的控制原理图吗？			
7	能否知道框式绞线机的运动情况？			
8	是否可以检查和排除电气控制系统常见的故障？			
9	掌握框式绞线机电气系统的配线工艺和安装工艺吗？（请在下面回答）			
10	本学习情境还应学习哪些方面的内容？			
11	本学习情境学习后，还有哪些问题不明白？哪些问题需要解决？（请在下面回答）			
您的意见对改进教学非常重要，请写出您的建议和意见：				
调查信息	被调查人签名		调查时间	

学习情境 5　电线电缆挤出机设备及其
电气控制系统维修

本学习情境任务单

学习领域	电线电缆挤出机电气系统检测与维修		
学习情境	电线电缆挤出机电气系统检测与维修	学时	20
布　置　任　务			
学习目标	☺ 能够对挤出机设备进行操作，知道挤出机的各种状态、加工范围及操作方法。 ☺ 能够按照电路图的识图原则识读挤出机的电气接线图，知道电气元件的分布位置和布线情况。 ☺ 能够检测并排除挤出机系统的各种电气故障。 ☺ 知道挤出机设备电气设备维修安全操作的相关规定及检修流程。		
任务描述	现有一套电线电缆挤出机生产线系统，检测并排除其故障，使其达到正常工作状态，具体任务要求如下所述。 ☺ 观察设备状态，询问操作工人，记录工人对故障的描述、故障发生前设备的状态、故障发生后的现象，以及车床近期的加工任务。 ☺ 根据挤出机电气控制系统原理图，分析故障，判断故障发生在电气系统还是机械系统。 ☺ 按照电气设备维修安全操作的相关规定及检修流程，利用万用表、低压验电笔检测电气控制系统，确定故障点。 ☺ 使用电工维修工具排除故障。 ☺ 运行维修后的设备，观察其运行状态，测量并调整相关参数，使其达到正常工作状态。		

学时安排	资讯 1 学时	计划 1 学时	决策 1 学时	实施 14 学时	检查 1 学时	评价 2 学时
提供资料	☺ 许昌阳光电缆集团 ☺ 上海起帆电缆公司 ☺ 江苏富川机电公司 ☺ 上海兆年重工集团 ☺ 安徽长江精工电工机械制造有限公司 ☺ 上海鸿得利重工公司 ☺ 东莞市精铁机械有限公司 ☺ 昆山市宏泰机电设备有限公司 ☺ 杭州三普机械有限公司 ☺ 于润伟. 机床电气系统检测与维修. 北京：高等教育出版社，2009 ☺ 邱彦龙. 机床维修技术问答. 北京：机械工业出版社，2006 ☺ 周建清. 机床电气控制. 北京：机械工业出版社，2008					
对学生的要求	☺ 必须掌握挤出机电气控制系统的常识性知识，能够熟练操作设备。 ☺ 必须读懂挤出机电气控制系统的电路图。 ☺ 必须掌握挤出机电气控制系统中器件的安装和接线方法。 ☺ 必须学会正确使用电工工具和仪表，并做好维护和保养工作。 ☺ 实施过程中，必须时刻注意用电安全，严格遵守安全操作过程。 ☺ 按任务要求完成挤出机电气控制系统的检测、维修和调试。 ☺ 实施过程中，要爱护工具和仪表，若损坏应照价赔偿。 ☺ 严格遵守课堂纪律和工作纪律，不迟到，不早退，不旷课。 ☺ 上课时必须穿工作服，女生应戴工作帽，不许穿拖鞋上课。 ☺ 树立职业意识，并按照企业的"6S"（整理、整顿、清扫、清洁、素养、安全）质量管理体系要求自己。 ☺ 本情境工作任务完成后，需提交学习体会报告，要求另附。					

任务 1 掌握塑料的包覆工艺与设备概况

在电缆结构中,特别是在全塑电缆结构中,塑料的包覆是极其关键的工艺过程,在电缆生产的全过程中占据着显著的位置,包覆工艺往往决定电缆生产的成败。包覆工艺是电缆生产过程中最重要的工序之一。在电缆生产中,塑料的包覆工艺主要有两种形式,即挤包和绕包。目前,绕包主要用于缆芯的绕包、铠装的内垫层等工艺过程,其工艺特点与纸带绕包、布带绕包并无太大的区别,此处不加详述。本书叙述的重点是塑料的挤包,就电缆生产而言,塑料挤包主要包括绝缘层挤包、屏蔽层挤包、内垫层挤包和外护层挤包。生产电缆规格的差异、挤制部件的不同及由此而确定材料品种的不一,往往决定了挤包设备及工艺参数的变化,但总的来讲,各种产品、各个部件的挤塑包覆工艺大同小异。

按照加工产品的不同,挤出设备一般分为如下 4 种。

【挤塑机组】 由挤塑机及其他辅助装置组成的电缆生产专用设备。

【挤橡机组】 由挤橡机及其他辅助装置组成的电缆生产专用设备。

【连续交联机组】 由挤塑机、交联装置及其他辅助装置组成的电缆生产专用设备。其中,又根据电缆产品电压等级不同分为悬联式与立式交联机组。

【连续硫化机组】 由挤橡机、硫化装置及其他辅助装置组成的电缆生产专用设备。

电线电缆塑料包覆是在塑料挤出机组中进行的。完整的塑料挤出机组应包括放线及放线张力调节装置、校直装置、线芯预热装置、主机、冷却系统、长度计量装置、耐压试验装置、牵引装置、收线张力调节装置、排线和收线机构。近年来,随着线芯连续软化新工艺的出现,在以包覆塑料绝缘为主的小型主机机组中往往采用全套退火装置代替校直装置,起退火、校直双重作用。挤出机全景图如图 5-1 所示,挤出机主机如图 5-2 所示,挤出机主机内部结构如图 5-3 所示。在所有这些机构中,对挤出产量和包覆质量起决定性作用的是主机,除主机外的各主要机构统称为辅机。

1. 放线装置

塑料挤出机组依主机规格(即主机螺杆直径的大小)决定其生产技术规范。一定的生产技术规范要求一定的结构形式和规格的放线机构。放线机构的结构形式分类如下所述。

☺ A: 无轴式放线; B: 有轴式放线。

☺ A: 双盘放线; B: 单盘放线。

☺ A: 活动式放线; B: 固定式放线。

图 5-1 挤出机全景图

图 5-2 挤出机主机

加热片　　热电偶　　冷热风机　　套筒

主机内部结构

图 5-3　挤出机主机内部结构

☺ A：手动升降放线；B：自动升降放线。

☺ A：张力控制放线；B：自由放线。

放线机构结构形式还可用其他方法分类。通常上述 A 型放线机构适用于小规格电线电缆绝缘和护套的生产，而 B 型放线机构则在大截面线芯绝缘和中等以上规格电缆护套的挤出中使用。放线机构的规格通常是用放线架侧板的开挡和放线盘轴心升起的最大高度，以及放线盘最大尺寸来表征的，这些都是由主机生产的技术规范决定的。

对放线机构的基本技术要求如下所述。

☺ 放线速度要均衡而不应有跳动；

☺ 线盘的装卸要方便、迅速；

☺ 运转灵活，安全可靠性大；

☺ 能为连续生产提供保障；

☺ 专供绝缘挤出的高速挤出机放线机构应装设滚筒式线芯校直器。

2. 校直装置

塑料绝缘的挤出废品类型中最常见的一种是偏芯，而线芯各种形式的弯曲则是产生绝缘偏芯的重要原因之一。在护套挤出过程中，护套的刮伤也往往是由线芯（或缆芯）的弯曲造成的。因此，各种规格的挤出机组中校直装置都是必不可少的设施。

校直装置的主要形式有以下 4 种。

【滚筒式】 分水平式和垂式。

【滑轮式】 分单轮和双轮。

【绞轮式】 一套或多套。

【压轮式】 分一组或多组。

通常在小截面绝缘挤出机组中采用滚筒式和轮滑式，而在大截面绝缘挤出机组中则采用绞轮式和压轮式。有时要采用三者综合才能彻底实现校直之目的。

3. 预热装置

线芯预热对于绝缘挤出和护套挤出都是必要的。对于护套挤出来说，其主要作用在于烘干半成品，这一点对于以吸湿性材料作为垫层绕包的半成品更有必要，通过预热可以有效地烘除其中的水分和湿气，所以预热装置不仅起到预热缆芯，从而防止挤出中塑料因骤冷而残留内应力的作用，而且有效地防止了由于潮气的作用而使护层结构中出现气孔的可能。对于绝缘挤出而言，这一点更是不能忽视，尤其是薄层绝缘，不能允许气孔的存在，所以挤出前必须彻底清除表面的水分和油污，这些只用机械方法是不够的，还必须使线芯通过高温预热才能彻底完成。此外，在挤塑过程中，塑料（特别是塑胶）温度的波动必将导致挤出压力的波动，不仅影响挤出量，而且对挤出质量产生直接的影响，而冷线芯进入高温机头，在模口处与塑胶直接接触，正是产生这种波动的原因之一，而线芯预热则可以消除悬殊的温差，因此预热对稳定挤出量，保证挤出质量也有着重要的意义。

线芯预热温度依半成品结构、挤包塑料品种的不同而异。例如，挤制氟塑料（如 F_{46}）绝缘线芯预热温度需达 300℃，而挤制聚氯乙烯护套缆芯预热 150℃即可。预热温度受放线速度的制约，一般与机头温度相仿即可。现代挤塑机组中的线芯预热装置一般都采用电加热，要求有足够的容量，以保证升温迅速，预热和烘干效率高。

4．冷却装置

电线电缆塑料绝缘与护套的挤出成型是通过塑料粘流态实现的。塑料处于粘流态，内部分子张力松弛，极易变形，甚至在没有外力作用的情况下，也会自行形变。塑料处于粘流态具有良好的变形特性，这是对其实行成型加工的充分必要条件。然而粘流态却是任何塑料制品成型后的连续加工和使用中必须予以克服的形态，否则制品不仅得不到预期的几何形状，而且因其机械强度甚低，使之丧失实用价值。因此，连续加工和使用中都要求塑料成型后迅速由粘流态恢复到高弹态或玻璃态，对电线电缆而言，就是要使之恢复到高弹态，实现塑料由粘流态往高弹态、玻璃态的反转变的有效手段就是成型后的冷却。

冷却的主要形式有风冷和水冷两种。风冷往往使用经干燥处理的压缩空气，其优点在于冷却平稳，对绝缘组织的不良作用小（即内部无残余内应力，外部无水分潮气积留）；但风冷除需备有全套空压、干燥设施外，具有冷却速度缓慢的不足之处。

【冷却系统】 挤出机冷却系统包括螺杆冷却和机身冷却两部分。塑料挤出是在加热情况下进行的，而挤出机在其开始工作后的连续工作过程实际上又是一个摩擦生热的过程。如果没有冷却措施，挤出机的工作温度将连续上升。众所周知，塑料的各种物理形态与其受热温度密切相关，塑料挤出是以一定的温度使其呈现可塑态进行的。对某一既定的塑料品种而言，使其呈现可塑态的温度是一个温度区域，当挤出机工作温度超过这个温度区域而达到分解温度时，塑料将发生分解，而由可塑态转化为老化态，使挤出产品变为废品，严重时将发生"烧焦"结块，酿成严重的设备事故。如果温升过高，即便未达分解温度，可是在工艺上也是不理想的，因为对某一既定品种的塑料而言，在使其实现可塑态的温度区域中，总有一个较理想的所谓"最佳塑化温度"，挤出过程若能使挤出温度稳定在这个最佳温度，则挤出质量也是最佳的。而温升则是破坏这种稳定的首要因素，由于温升的存在，当挤出温度升到一定限度时，挤出中就会出现"打滑"，从而造成挤出压力的波动，最终使出胶量不稳定，使胶层组织及产品外径大小不匀。因此，虽然塑料没有分解，同样会造成挤出产品报废。另外，挤塑机是连续工作制。但在生产中，经常会因某种原因造成临时停车，此时若无冷却措施，塑料在短期停机中将发生分解，而冷却装置则有效地防止了物料的分解，为连续生产提供了可能。综上所述，可知挤塑机的冷却装置也是十分重要的设施。

目前，挤塑机的冷却装置主要形式有水冷和风冷两种。近期，这两种形式的结合也有应用。螺杆冷却主要采用水冷，设施较简单，即在空心挤出螺杆中心通入喷水铁管（最好用不锈钢管），在必要时，将冷水通入喷水管内，即对超温的螺杆起降温作用。螺杆冷却水的使用，能有效地克服由摩擦过热而致挤出打滑，稳定出胶量，但螺杆冷却水的使用必须严格掌握水量和冷却时间，绝不可大意，否则将酿成严重的挤出事故。机身冷却目前风冷、水冷两种方式都有应用，机身冷却是通过敷于机身外壳周缘的传热良好的铜管的连续冷却实现的，冷却管的布置依挤出机的挤出部位不同而有稀密之别，也有些是分别控制的，此时冷却的强弱只由水（风）量的大小决定。水冷的优点在于冷却迅速，冷却效果好，但水冷要求用软水，需有一套水的软化设施；若不用软水，因水垢的存在，轻者影响冷却效果甚至使冷却失效，严重时可能使冷却管路堵塞，往往因此而使挤出机不能使用。风冷具有冷却平稳、安全的特点，也无须其他辅助设施，所以获得越来越广泛的应用。但风冷冷却速度慢，尤其是在挤出机与环境温差较小的情形下，往往达不到散热的要求。因此，风冷和水冷并用的形式应运而生，以风冷为主，必要时以水冷加强，可以很好地满足工艺要求。

【参数测量系统】　参数测量系统是操作者维持挤出正常进行的耳目，该系统反映出挤出的各种参数，主要有螺杆转速、螺杆负荷、放线速度、挤出机各段温度及各段加热电流等，对挤出质量、安全生产都是至关重要的。操作设备时，除了操作经验外，主要在于对参数测量系统的观测。例如，螺杆转速直接决定出胶量和挤出速度，正常生产时总希望尽可能实现最高转速以实现高产，而在挤出中转速的波动则是影响挤出质量的重要因素，而在高转速的生产中，必须予以足够的重视，这个波动只有在转速表中才能正确地反映出来，操作者只有密切观察，才能及时发现，及早排除，确保生产优质、高产。螺杆负荷表则正确地反映了挤出压力的大小。挤出压力的波动也是引起挤出质量不稳的重要因素之一，挤出压力的波动与挤出温度、冷却水的温度、连续运转时间的长短等因素密切相关，操作者必须对症下药，能排除的应迅速排除，必须重新组织生产的则应果断停机，这不仅可以防止废品的增多，更能预防事故的发生。挤出机的线速度以电流表的安培数或电压表的伏特数表征，它不仅可以向操作者预报班产，而且对牵引等机构的异常也能及时反映出来。挤出机的加热测量是极其重要的，保证正确的温度必须依赖准确的测量机构。目前，所有挤出机的加热测量系统都采用的是热电偶与毫伏电位差计组合机构。热电偶由双金属组成，双金属点接于一个金属触点上，彼此互相绝缘，另一端分别接于毫伏计的两极。正常工作时，金属触点应插入机头或机身的加热部位，在热源的作用下，两种金属同时产生了热电动势，由于金属材质不同，所以产生的热电势大小不同，因此在另一端产生了微小的电势差，这个电势差由测温毫伏计准确地反映出来，测温毫伏计即按一定的 mV/℃的比设计为温度指示的度数，很明显，触点温度越高，电势差就越大，测温毫伏计指示的度数也就越高。挤出温度是否反映准确，除决定于测量机构本身精密度外，是否使用正确也是重要的，往往因使用不当造成的误差要远远超过正常允许的误差，甚至会出现某些假象，从而造成设备的损坏，如触点接触不良，热电偶连线短接等，都会造成这种假象。只有正确使用，才能发挥自动控制的优势，保持挤出温度的恒定，保证挤出质量的稳定和连续工作时间的长久。

挤出机的控制系统是实现优质、高产挤出的必须设施，因此挤出机操作者应对各挤出控制系统给予高度的重视。对挤塑工来说，精通控制系统的结构、作用、原理、使用方法与掌握各种塑料挤出特性是非常重要的。

5. 挤塑机传动系统

塑料挤出机的传动系统包括驱动装置和变速装置。

【驱动装置】 用做挤塑机驱动装置的电动机主要有直流机组、整流子电动机及普通交流电动机。由于挤塑机要求低速启动，而普通电动机恰具有启动速度高的特性，并且不能电气调速，所以满足不了挤塑工艺要求，因此目前较少采用。而直流机组虽是挤塑工艺最理想的驱动装置，不仅启动速度可以从零开始，而且可以实行无级调速，但因为造价高昂，占地面积大，所以也不多采用。目前，挤塑机驱动装置较多采用整流子电动机，整流子电动机不仅可实现低速启动，而且能实现无级调速，并且占地面积小。考虑到挤塑机是连续工作制，所以用做挤塑机驱动装置的整流子电动机必须能连续运转，为此往往采用自冷式整流子电动机，即电动机附带自冷设施。近年来，硅整流装置应用于挤塑机作为驱动装置。驱动装置应有足能的功率，这是由主机规格（即螺杆直径）决定的，螺杆直径越大，主电动机功率也越大，如大型挤塑机中 150 挤塑机的主电动机就是75E 的整流子电动机。

【变速装置】 确切地说，挤塑机主机的变速装置是一个速比极大的减速器。一般由两部分组成，一是连接主电动机及主机减速器的带传动机构，一是主机减速器内的齿轮传动机构。

对挤塑机变速装置的主要要求是传动速比准确、恒定，只有这样，才能确保螺杆转速的恒定，这是稳定挤出压力所必需的，同时套筒的工作环境条件也是十分苛刻的，这主要表现在：

☺ 长期处于高温的作用下。

☺ 长期经受摩擦力的作用。

☺ 长期在高压的作用下。

☺ 长期在腐蚀性介质的作用下。

因此对用于制作内套筒的材料的选择是极为重要的，它直接关系到挤出机的性能和使用寿命。为了满足上述苛刻工作条件的要求，内套材料必须具有耐高温的特性，尤其是热膨胀系数要很小，并要有优良的热传导特性；要坚硬、耐磨，有较高的机械强度；要有较强的耐腐蚀性能，尤其是在高温下的防腐蚀性要突出。满足这些性能要求的材料只有用特殊的合金才能实现。目前，采用最多的合金是铬钼铝合金钢，牌号为 38CrMoAl 用得最为广泛，对一般塑料挤出加工都可适用，既发挥了铬的高耐腐蚀性，又发挥了钼的高耐磨性及铝的良好传热性。而当挤制特殊塑料（如氟塑料）时，由于挤出温度高，塑料腐蚀性强，甚至铬钼铝合金钢也不能适应要求，这时必须改用铬镍钛合金钢，牌号是ICr18Ni9Ti。内套筒除材料要求外，其结构尺寸、加工精度的要求也必须十分严格，这是挤出工艺的要求，要确保胶料均匀输送，重要的是挤出压力的稳定，因此必须彻底克服塑料在挤压流动过程中可能引起压力波动的一切因素，就内套结构而言，就是要严格控制加工尺寸公差和加工粗糙度，要求内套内孔尺寸不得有超差的锥度，更不能有波浪形尺寸偏差，加工的光洁度要达 7～9 级，这样对提高其耐磨性，稳定挤出性能，延长使用寿命及提高工艺质量都会提供保障。

综上所述，挤塑机的内套，不论是使用材料，还是加工都要求较高。特别是由于内套材料特殊，所以内套往往不能做得太厚，以尽量节省贵重而稀有的合金，一般的内套厚度都控制在其直径的（0.2～0.5）倍。为了提高内套的抗张强度，也为了对内套实行热保护和机械保护，在内套外以碳素钢制成所谓外套，使之与内套紧密配合，即使内套紧密嵌入外套内，而外套的外周缘则制为一定节距的沟槽，敷以冷却管或通风，并直接与加热器接触，加热的测量系统也源于外套。

【挤压螺杆】 挤压螺杆常被人们喻为塑料挤出机的心脏。只有螺杆的运动（转动）才能完成塑料挤出。螺杆的旋转产生剪切力，使塑料破碎；螺杆的转动产生推力，使破碎的塑料连续前进，并因此产生挤出压力，并由这个压力的作用，在筛板及压力所及的其他部位产生反作用力，造成塑料的回流及搅拌，从而实现挤塑过程的全面均衡，这一作用过程正是塑料实现均匀塑化的必要条件和充分条件。

塑料挤出机的挤压螺杆结构形式有多种。不论何种结构的螺杆，其结构参数如何不同，但共同之处是都要产生一个所谓的压缩比（即螺杆进料端螺槽容积与出料端螺槽容积之比），压缩比的存在是产生挤出压力的一大前提，也只有压缩的存在才能有效地促使塑料中占总体积 50% 的气体彻底被排除，使胶层压实致密。实现压缩比的方法和途径就决定了螺杆的结构特点，为了造成螺槽容积的变化，可以分别用等螺距不等深度的螺杆，等深度不等螺距的螺杆及螺距、深度都不等的螺杆。目前，由于加工方便和使用工艺性能优良，已普遍采用等距不等深的结构，其余两种结构形式已被淘汰。等距不等深结构也有多种结构上的差异，图 5-4 所示的是渐变式螺杆，图 5-5 所示的是突变式螺杆。

图 5-4　渐变式螺杆

图 5-5　突变式螺杆

螺杆的另一个重要参数就是长径比，即螺杆有效长度与其直径之比值。挤塑机与挤橡机的主要差别就在于挤塑机螺杆的长径比大得多，这是由于塑料加工不仅不存在所谓先期硫化的问题，相反需要充分塑化，充分塑化的条件是温度和作用的时间。如前所述，挤塑的温度对一定品种的塑料而言是一个变化范围不大的温度区域，可以认为是一个定值，所以决定挤塑质量（即塑化程度）的仅是作用时间。延长作用时间可以有两个办法，即降低速度或延长塑化的路径。前者就是以产量的降低实现充分塑化的要求，显然是不合理的，因此只有设法延长塑化的路径，这就是挤塑机的长径比为什么要增大的原因之一，现在挤塑机的长径比一般都设计为 L=(12～24)D，即螺杆长度为螺杆直径的 12～24 倍。长径比大，虽然能有效地提高产量，但实际上长径比是不能过大的，特别是在大型挤出机中。这是因为长径比加大，意味着螺杆长度加长，这给制造、安装和使用都带来了不便，甚至因此会影响设备工艺性能和使用寿命。因此，近年来，提高挤塑机的产量不仅在加大长径比上下工夫，更在改造螺杆结构上做文章，上面提到的分流型螺杆、分离型螺杆就是在这方面成功的尝试。

图 5-6 所示的是双螺杆挤出机结构示意图。图 5-7 所示的是挤出机螺杆实物图。

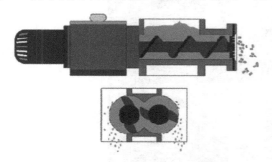

图 5-6　双螺杆挤出机结构示意图

图 5-7　挤出机螺杆实物图

螺杆是与内套精密配合的部件，一般要有一定的间隙，以作为塑胶回流和气体逸出的通道。间隙大小往往依螺杆直径大小而定，一般为 0.1～0.5mm，这个加工间隙控制固然重要，而安装调整也是不可轻视的，否则由于螺杆的下垂、偏斜等往往会造成螺杆与套筒的同心度在端部或根部的不一致，通常是使端部间隙不匀，轻者影响挤出工艺性能，严重时将造成扫膛，致使螺杆套筒连续摩擦，而使设备寿命减少，所以挤出机的安装调试最紧要的就是螺杆与套筒的间隙的调整。设计中考虑到螺杆与套筒磨损的可能，对其硬度的设计往往是使内套内表面的硬度稍高于螺杆、螺纹峰面的硬度，一般高出 R2～3 度，以便一旦发生磨损，也不致损伤内套，因为加工螺杆较加工内套要容易些，螺杆的拆装也较简便。螺杆与内套所用材料相同，只是渗氮等处理的工艺稍有差异。挤塑机生产已系列化，规格很多，其规格是以螺杆直径表征的，目前标准规格有 30mm，45mm，65mm，90mm，120mm，150mm，200mm，250mm 及 300mm 等。

【滤板】　滤板习惯上称为筛板，是置于螺杆头端部的"过滤器"。之所以称其为筛板，说明它有过筛的作用，即过筛出含于塑料中的一些颗粒状杂质。然而滤板的最重要的作用则是压力调节作用和对已实现塑化的胶料运动状态的调节作用。电线电缆的绝缘和护套挤出中往往在筛板内装置 40～80 目的铜网，由此使塑胶在前进中受到阻力，即产生挤出推力的反作用力。在此反作用力的作用下，促使胶料产生回流，而实现充分塑化，此即其压力调节作用。另外，塑料在内套内是做连续旋转运动的，而其到成型系统之后，希望停止旋转，使其平稳前进，筛板恰具使胶料变旋转运动为平直运动的功能，这就是筛板调节胶料运动状态的作用。可见筛板部件虽小，作用甚大。

由于筛板是在高温、高压下工作，极易变形，因此除在制造尺寸上必须保障外，部件必须经过热处理。必要时，应用合金钢制成。为了使平直运动的胶流均匀，筛板圆孔形胶道必须分布均匀，为了防止胶料的停滞，以及因此而产生的缺陷，圆孔通道的进料口往往加工成约 60° 的倒角，使胶道呈流线型。

【机头】 在螺杆与内套之间由于热、压共同作用，塑料实现了塑化并初步压实，经筛板沿一定的流道自机脖到机头送入成型装置——模具。机头实际上就是一个保温器，又是一个压实装置，塑胶在机头中由于保温的缘故，保持出机膛时高的可塑态，而由于进入机脖后，流道之体积越来越小，所以受到了越来越大的压力，因此使得出膛的胶料进一步压实，为成型提供了较为密实结构的胶料，这就是机头的作用。挤出机机头如图5-8所示。

图 5-8　挤出机机头

很明显，机头不仅是在高温下而且是在更高的压力下工作的部件，它又是为成型系统提供胶料的最后一道"关卡"，因此对机头结构有多方面的要求。首先是在高温下要有较高的机械强度，确保在高压作用下不破裂。考虑到机头的保温作用，特别是其散热的特点，机头的外部尺寸不能过小，壁厚一般也要相当于套筒的总厚，这不仅加强了机械强度，而且为热平衡提供了保障，避免了温度忽高忽低，实际上是对稳定挤出提供了保障。机头也是与塑料直接接触的，因此机头的耐腐蚀性也是有要求的，所以机头一般都用与螺杆、内套相同的材料制成。为了加工的简便，小型挤出机往往是以合金钢一体加工，而大型机的机头体积庞大，为了节省贵重的合金，往往是由合金钢内套加碳素钢外壳制成的。

塑料在机头内的平直运动是在解除机械作用情况下进行的，因此机头的胶料流道就更要合理，要消除死角，使流道呈流线型，这是以加入机头内的分流套筒实现的。分流套筒除具有构成合理塑胶流道的作用外，又是与型芯吻接的装置。为了使流入成型装置的胶料彻底消除压力的波动，在有的机头内往往设有所谓的"均压环"。

机头外部结构形式目前有直机头和斜机头两种，现在越来越多的采用斜机头。直机头的机头与机身成 90°角垂直，这种机头尽管有分流套的调节作用，塑胶流道也很难避免出现死角，构成流线型更为困难。斜机头则是机头与机身成 120°倾斜，容易构成流线型胶道，但这种形式的主机占地面积较大，虽然如此，仍因其工艺合理而被广泛采用。机头加热方式为电加热，机头加热器往往分区布置，以达到控制灵活的要求，因在挤出过程中，机头加热没有任何补偿措施，只能依赖于往复加热，所以机头加热控制系统的灵敏度是必须严格要求的，一旦失灵，将直接影响挤出质量，甚至会造成挤出全过程的前功尽弃。

任务 2　了解塑料挤出机组的基本结构

一般挤出生产线主要由主机和辅机两大部分组成。主机包括挤压系统、传动系统、加热冷却系统和控制系统 4 部分；辅机包括冷却和定形装置、牵引装置等。下面以塑料挤出机生产线为例，介绍其主要组成部分，如图 5-9 所示。

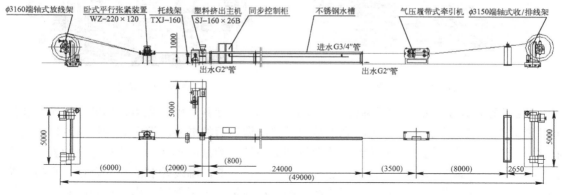

图 5-9　塑料挤出机组成

塑料丝挤出生产过程是，塑料料粒由加料料斗加入机筒，随着螺杆的旋转，料粒在螺槽中向前输送，在输送过程中受到机筒的加热逐渐融化，形成塑化很好的熔体，然后被输送到机头。机头是制品成型的主要部件，熔融物料通过机头后，获得一定的几何截面和尺寸。塑料从机头中挤出后，温度依然较高，仍有一定的塑性，经冷却定形，最后成为形状固定的塑料丝。为克服塑料丝在冷却定形过程中所产生的摩擦力，用牵引装置使管材以均匀的速度引出。当牵引装置送出冷却定形后的规格达到要求后，由收卷电动机用卷丝盘将塑料丝卷起，完成整个生产工序。通常，人们把物料在料筒中的运动、状态和性能的变化分为 3 段加以研究，分别是固体输送段、熔融段和熔体输送段。挤出机结构示意图如图 5-10 所示。

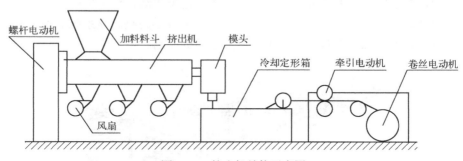

图 5-10　挤出机结构示意图

【固体输送段】 如图 5-11 所示。塑料料粒从加料口直接进入固体输送段，该段的主要职能是对料粒进行压实并向前输送，随着螺杆的转动以固体的状态在螺槽中输送。在固体输送段，物料由室温状态进入料筒，距物料熔融温度温差较大，物料在该段需要的热量较大。

【熔融段】 如图 5-12 所示。螺杆在熔融段的螺槽深度越来越浅，螺距越来越小，随着物料温度的升高，固体塑料逐渐熔融变成熔体。在该段由物料剪切作用所转化的热往往超过了物料的需求，此时应采取制冷措施将系统多余的热量排出。

图 5-11　固体输送段　　　　　　　　　　　　图 5-12　熔融段

　　【熔体输送段】　该段接受熔融段送来的熔融物料，使其温度、应力、粘度、密实度和流速更趋均匀，通过多孔板后，为顺利地从口模挤出做最后的准备。熔融的物料通过口模后，在牵引装置的牵引下通过定形装置，从而得到更为精确的截面形状、尺寸和光亮的表面。由挤出原理可知，温度控制在塑料挤出加工过程中非常重要，温度控制的是否合适，直接影响物料在整个加工过程的流变状态，影响产品的内在质量。为了保证挤出过程的顺利进行，根据工艺要求，机筒各段均需维持温度恒定及相互间具有预定的温度梯度。通常，机筒各段均应配备带有加热和冷却装置的控制系统，由于各段塑料所需温度不同，挤出机筒的温度应采用独立分段控制。

5.2.1　设备组成

　　图 5-13 所示的是 150 型挤出机。该型挤出机主要有放线系统、被覆系统、冷却系统、引取系统、卷取系统、储线系统、电气系统等 7 部分组成。工作时，操作人员通过控制机（可为 PLC 或工业 PC）设定比例运行参数，然后控制机通过 D/A 转换模件发出控制变频调速器的速度指令，使各个变频调速器带动电动机按一定的速度比例运转。PLC 与变频调速器构成多分支通信控制网络。其主要特点为结构紧凑，造型美观，整条生产线传动平稳，性能稳定，控制灵活，功率消耗小，噪声低。整条生产线可合零为整。该系统成本较低，信号传输距离远，抗干扰能力强，尤其适合远距离，多电动机控制。

图 5-13　150 型挤出机

　　可根据生产需要，更换其中部分系统，即可生产出另一种电线或电缆。

5.2.2　设备控制电路原理

1．整体控制结构图

　　挤出机主机电气控制主控制柜如图 5-14 所示。图 5-15 所示的是挤出机主机控制电路结构图。

138

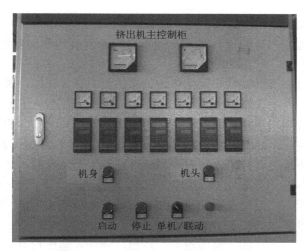

图 5-14　挤出机主机电气控制主控制柜

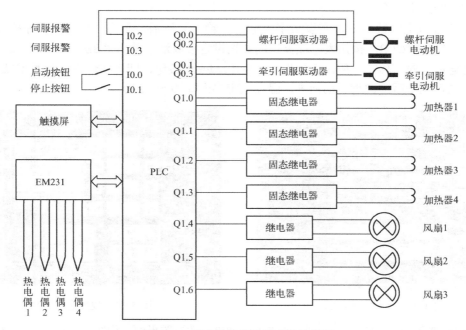

图 5-15　挤出机主机控制电路结构图

【PLC】　选用一台 S7-226PLC 控制整个系统。

【控制柜】　用于安装 PLC、控制线路及其操作面板。

【热电偶模块】　采用 EM231 模块。

【温度传感器】　测量加热腔内温度（使用 K 型热电偶）。

【触摸屏】　本系统采用的触摸屏为 eView 公司的 MT-506LV4，进行人机交互。

【固态继电器】　用于加热控制执行部件。

【普通继电器】　用于风扇控制执行部件。

【伺服电机】　即驱动器。MINASA 系列的 MGDA303A1A 伺服驱动器及其配套电动机，和 MINASA 系列的 MGDA063A1A 伺服驱动器及其配套电动机。

【变压器】 输出直流+5V 和+24V，供触摸屏、PLC 及伺服驱动器使用。

2. 主要电路模块

1）触摸屏 主界面左侧的 4 个竖排按钮是加热器的开关按钮，关闭时呈现凸起状态，且显示"停止"字样，表示加热器当前为关闭状态。开机后需逐个打开 4 个加热器，按钮呈现凹陷样，且显示"开启"字样，即表示打开相应加热器开关。中间的温度参数显示的是 4 个加热腔体当前的温度 `腔体1当前温度   0  摄氏度`。右侧的红灯 ● 代表 4 个加热器当前的状态。开机后，当按下加热器按钮，则右侧的红灯总有一个是亮的，加热器灯亮表示当前加热器处于加热状态，风扇灯亮表示当前加热器处在降温状态，下面的 4 个按钮分别是进入"当前温度""电机设置"、"温度设置"和"PID 设置"的进入按钮，"当前温度" 按钮是返回按钮，即返回到主界面，如图 5-16 所示。

【温度设置】 当单击主界面"温度设置"按钮，便进入温度设置界面。在此界面下可以对 4 个加热腔体设置满足生产所需要的温度，当单击按钮 `  0 ` 时，该窗口便变成输入状态，且在右侧弹出一个软键盘。

单击软键盘上的数字既可实现数字的输入。输入完毕后，单击"ENTER"按钮，完毕温度设定。单击"CLR"按钮表示该窗口的数据设定被取消，单击"BS"按钮，设定窗口里的数据就会依次向右移动一位，直到为零。单击 ◀ 或 ▶ 按钮，即可实现设定值数据减一或加一操作，设定完毕后，键盘自动消失。温度设定界面如图 5-17 所示。

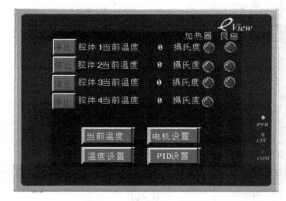

图 5-16　触摸屏主界面

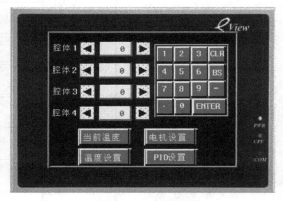

图 5-17　温度设定界面

【电机设置】 单击按钮 `电机设置` ，便进入电动机参数设置界面，如图 5-18 所示。电动机参数设置包括螺杆电动机设置和牵引电动机的设置，设置的参数有转速设置和方向设置，在加热腔温达到生长要求后，按下按钮 `启动` ，该按钮变成 `启动` ，表示电动机已启动，单击 ● 按钮，便可改变电动机的运转方向。螺杆转速设置、牵引机转速设置及键盘操作与温度参数的设置相同，不再赘述。

【PID 设置】 单击"PID 设置"按钮，便可进入 PID 设定界面，如图 5-19 所示。单击上面的 4 个按钮，便可分别进入 4 个加热器的温度 PID 参数设置界面。现在以加热器 1 的 PID 参数设置为例进行说明，其他加热器的 PID 参数设置类似，不再赘述。

单击"PID1"按钮，进入加热器 1 的温度 PID 设定界面，如图 5-20 所示，Kc、Ti、Td 分别表示比例、积分和微分参数，其输入操作和键盘的使用同温度设置相同，不再赘述。

140

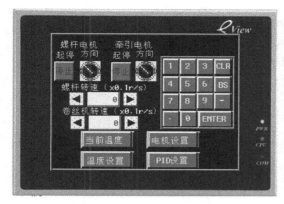

图 5-18　电动机参数设定界面

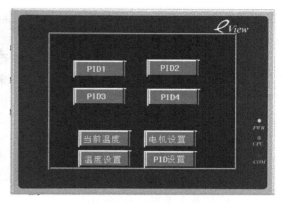

图 5-19　PID 设定界面

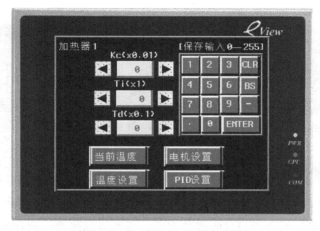

图 5-20　加热器 1 PID 设定界面

2）传动电动机　该系统的传动部分包括进料传动部分、拉丝传动部分和收卷传动部分。为了实现速度精确控制，送料传动部分和拉丝传动部分均使用伺服驱动器和伺服电动机。为了实现恒定力矩控制，卷丝传动部分采用的是力矩控制的交流电动机。

对送料传动部分来说，螺杆送料时负荷较大，所以应该采用功率较大的伺服驱动器和伺服电动机，而且螺杆的机械硬度为中等，所以伺服驱动器的选型参数为三相 220VAC、1.2kW、中惯量。本设备使用的是 MINASA 系列的 MGDA303A1A 伺服驱动器及其配套电动机。

牵引传动电动机需要带动的机械传动部分的负荷较小，所以使用较小功率的伺服驱动器和伺服电动机，而且机械传动部分硬度也是中等，所以伺服驱动器的选型参数为三相 220VAC、600W、中惯量。本设备使用的是 MINAS A 系列的 MGDA063A1A 伺服驱动器及其配套电动机。

收卷部分是将丝状的 ABS 塑料用转盘卷起，这部分要求电动机的力拒恒定，而且可调，所以采用的电动机是交流电动机。

5.2.3　其他辅助装置

【**电火花试验机**】　电线电缆火花试验机是电线电缆生产过程中用高电压来检验绝缘层质

量的必备测试设备。本火花机按如下两个标准制造。

☺ 符合 GB3048 "电线电缆绝缘线芯工频火花试验方法" 的要求，灵敏度＜600μA。

☺ 符合 UL1581，要求本系列火花机用环氧浇注高压变压器，防潮性能好，抗干扰能力强，设有自检按钮，可随时检查工作是否正常（击穿、计数、声光报警），保证试验准确。

【主要参数】

☺ 输入电压：220VAC

☺ 输出高压：0～10kV 或 0～15kV

☺ 最大走线速度：400m/min

☺ 电极长度：600mm

☺ 试样最大直径：ϕ85mm

图 5-21 所示的是电火花试验机，图 5-22 所示的是电火花试验机内部结构。

图 5-21　电火花试验机　　　　　　图 5-22　电火花试验机内部结构

【收线装置】挤出后的电缆经过收线装置后，成为成品线盘。收线装置主要包括收线架和收线主控台。图 5-23 所示的是收线控制台，图 5-24 所示的是挤出机收线装置，图 5-25 所示的是收线后的成品电缆。

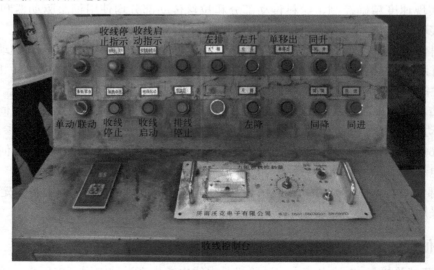

图 5-23　收线控制台

图 5-24 挤出机收线装置

图 5-25 收线后的成品电缆

5.2.4 挤出机常见故障处理

挤出机常见故障及解决方法见表 5-1。

表 5-1 挤出机常见故障及解决方法

常 见 故 障	原 因	解 决 方 法
温控表出现"STOP"字样	错误按压"RS"按钮太长时间	再次按压 RS 键直到恢复正常
主机不转	3 相主电源不通	检查 3 相主电源是否送至变频器,以及变频器输出与电动机连接是否紧固
	变频器出现报警	按变频器控制面板上的红色复位键,直至变频器恢复正常显示,再按绿色启动键,如果不能复位,则断开 3 相主电源直至变频器显示器熄灭,再合上 3 相主电源
牵引不转	3 相主电源不通	检查 3 相主电源是否送至变频器,以及变频器输出与电动机连接是否紧固
	变频器出现报警	按变频器控制面板上的红色复位键,直至变频器恢复正常显示,再按绿色启动键,如果不能复位,则断开 3 相主电源直至变频器显示器熄灭,再合上 3 相主电源
收线或排位不转	3 相主电源不通	检查 3 相主电源是否送至变频器,以及变频器输出与电动机连接是否紧固
	变频器出现报警	按变频器控制面板上的红色复位键,直至变频器恢复正常显示,再按绿色启动键,如果不能复位,则断开 3 相主电源直至变频器显示器熄灭,再合上 3 相主电源
	调速电位器损坏	更换电位器
温度长时间达不到预定值	发热圈烧毁	更换发热圈
	温控电路故障	检查温控表电路或更换温控表

任务 3　学习橡胶挤出机的结构及工作原理

5.3.1　概述

橡胶挤出机的全称是硫化橡胶挤出机,主要用于对常温下橡胶的直接加工成型。配上各种形式的机头,可以应用于橡胶工业生产的各个领域。

1. 结构组成

橡胶挤出机主要由底座、电动机、减速机、螺杆、喂料装置、机筒、支架和电气控制系

143

统等部分组成。

【底座】 是电型钢焊接制成的，减速箱、机筒安装其上。

【电动机】 该电动机为直流电动机（江苏王牌）。

【减速机】 ZLYJ375-33-HI（速比 38:1），该机为硬齿面减速机，其外壳为铸铁件，斜齿传动，齿轮用特殊钢制造，齿面渗碳淬火，低速级轴承和齿轮通过油泵强制润滑。

【螺杆】 由铬铝合金钢制成，它与减速箱主轴采用花键联接，对中性好，拆卸方便。

【喂料装置】 由喂料座、喂料辊、齿轮等组成。喂料座为铸造结构，喂料辊为钢制焊接，辊面淬火，齿轮齿面高频淬火。该装置使挤出机有较大的吃胶能力，喂料更加均匀。

【机筒】 由氮化钢与两端联接法兰焊接而成，机筒内钻有水孔，以便循环水与机筒进行热交换，该机筒具有较好的自洁性，更换胶种方便。

【支架】 用型钢焊制而成，它与底座联接支承机筒。

【电气控制系统】 挤出机主电动机采用日本安川变频电动机调速系统，无级调速，控制水平高，性能稳定，工作可靠。

橡胶挤出机的制造标准按中华人民共和国标准 GB 10481=89 和 ZBG95019-89a 执行。

2．工作原理

电动机经窄 V 带将动力传给减速器，减速器又经花键副将动力传给螺杆，同时经一对齿轮副将部分动力传给喂料辊。这样，胶料从喂料口连续喂入，在机筒、螺杆的作用下，达到输送、搅拌、压缩并均匀塑化呈粘流状态的目的，然后在机头模口作用下，胶料呈一定形状挤出。

3．工艺流程

橡胶挤出工艺流程如图 5-26 所示。

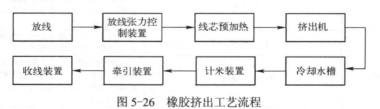

图 5-26 橡胶挤出工艺流程

5.3.2 结构特点

◎ 主机由直流电动机驱动，直流调速器控制调速。

◎ 机头、螺杆、机筒段、挤出机筒段分别由独立的温度控制系统对其进行调节与控制，操作方便，温度值数字显示。喂料段与喂料锟则用自来水进行冷却。

◎ 机器配备的减速器，内部采用强制循环润滑，运动平稳，噪声低，使用寿命长。

5.3.3 技术参数

◎ 螺杆直径（D）：150mm

◎ 螺杆长径比（L/D）：15

◎ 螺杆转速：6～50r/min

☺ 最大挤出能力：500kg/h（按不同胶料、允许最高排胶温度和挤出制品的断面尺寸而定）

☺ 电机功率：200kW

☺ 外形尺寸（长×宽×高）：3670mm×1500mm×1400mm（主机）

☺ 设备动力介质：

    ⊔ 自来水压力：0.15～0.4MPa

    ⊔ 温度：25～30℃

    ⊔ 流量：40L/min

    ⊔ 软化水压力：0.1MPa（少量使用）

    ⊔ 电源：3 相，380V，50Hz

5.3.4 设备操作基础

【预热】 按温控装置使用说明书对主机进行预热，等各温控单元均达到预热温度后方可运行主机。

【主机启动】

（1）按下整流柜上电源"合闸"按钮，整流柜接上工作电源。

（2）按下操作箱上油泵启动按钮，减速箱润滑油泵开始工作。

（3）分别合上整流柜内 4 个断路器。

（4）将正门上"本控/遥控"转换开关置于相应位置，并检查调速电位器是否已逆时针旋转到底，本控时在整流柜上调速，也可以在操作箱上调速。按下主机启动按钮，顺时针旋转调速电位器至所需转速。

【停机】

（1）停机前停止喂料，并将电位器逆时针旋转到底。

（2）按主机停止按钮。

（3）分别断开整流柜内 4 个断路器。

（4）按下整流柜电源"分闸"按钮，断开整流柜工作电源。

（5）按温控装置使用说明书关闭温控装置。

〚故障处理〛

☺ 若有特殊情况需要紧急停车，可按下小操作柜上"紧急停车"按钮"JT"或"TA"，或者整流柜上停机按钮，并将 1W 旋到底。

☺ 若冷却水出现异常，水压低于正常压力，则冷却水低压报警指示灯亮，操作人员应去作必要的处理。

☺ 正常工作时，各水泵故障指示灯均不亮。如果有故障指示灯亮，则表示相应的水泵出现了故障，该段电加热器将自动停止加热。

☺ 排气时，电加热器也不工作。

5.3.5 电气控制原理

挤出机设备电气控制原理图如图 5-27 所示。

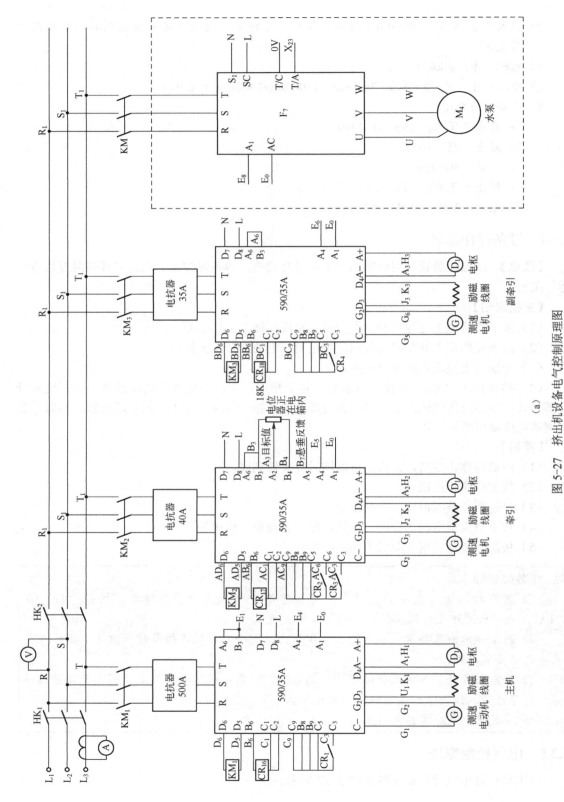

图 5-27 挤出机设备电气控制原理图

(a)

146

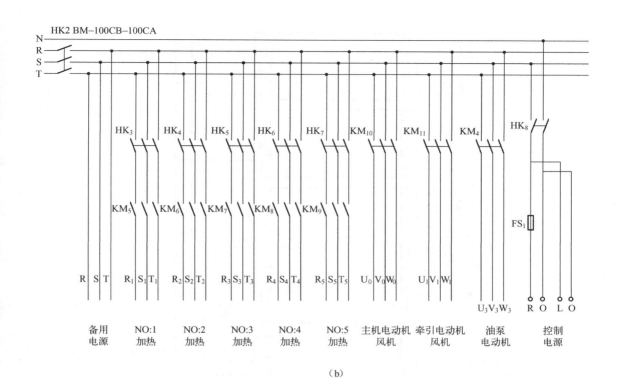

（b）

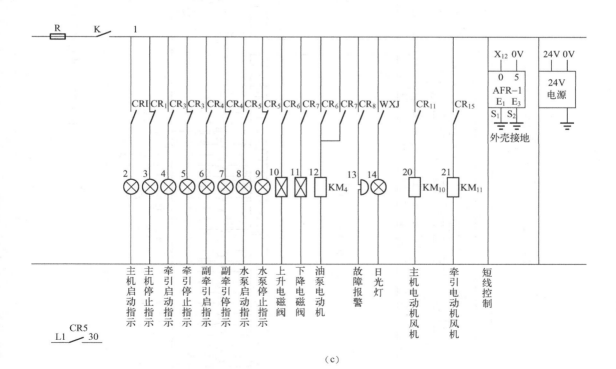

（c）

图 5-27 挤出机设备电气控制原理图（续）

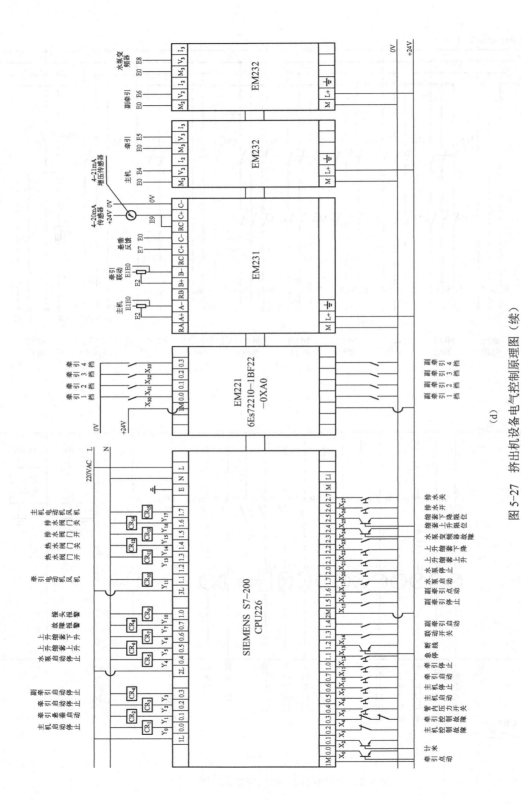

148

图 5-27 挤出机设备电气控制原理图 (续)

(d)

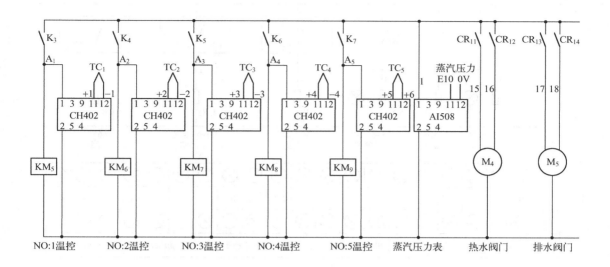

PCK温控表

（e）

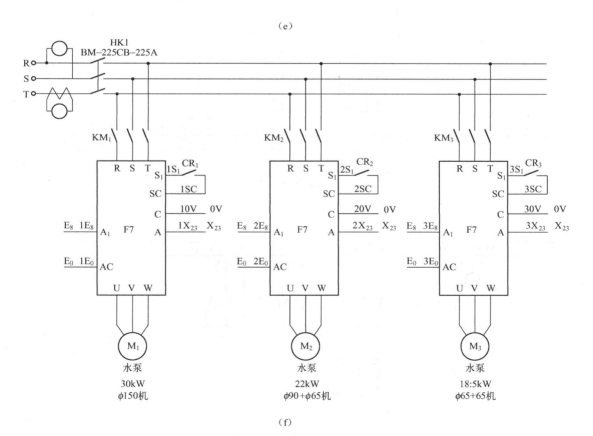

（f）

图5-27　挤出机设备电气控制原理图（续）

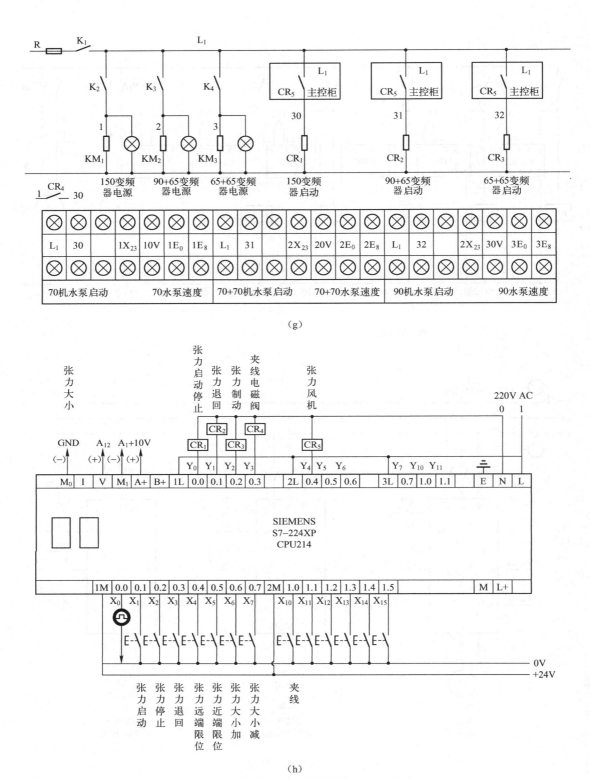

图 5-27 挤出机设备电气控制原理图（续）

控制过程如下所述。

【启动】 按下"启动"或"点动"→PLC 检测"软信号"→主机运行→牵引运行。

【停止】 按下"停止"→PLC 检测"软信号"→牵引停止→主机停止。

【检测】 缩套上升/下降限位；水泵启动/停止；模拟量输入（计米）。

【控制】 主机；牵引；热水阀门；电动机风机。

5.3.6 日常维护与检修

☺ 喂料段的使用与维护：喂料段的关键部位在于喂料辊。机器每工作 200h 后，必须将喂料辊两端轴承及速比齿轮处注入或涂上适量的 ZGN-2 钙钠基润滑剂。

☺ 下挡胶板应视漏胶情况进行适当调整，以减少喂料辊下端漏胶量。该件为易损件，当磨损至不能继续使用时，应更换新件。

☺ 喂料辊上的速比齿轮属易损件，磨损后应更换新件。

☺ 若喂料辊的反胶螺纹处磨损至不能正常使用时，则应更换喂料辊。

☺ 喂料辊旋转接头因内部密封件磨损而漏水时，应更换相应的密封件。

【螺杆拆卸】 在定期检修与更换螺杆时，维修人员应按下述步骤进行操作：

（1）卸下减速器低速轴尾部的旋转接头。

（2）卸下机头、滤胶板等，将余胶排尽。

（3）将螺杆顶出器装入旋转接头位置（螺纹旋紧即可），然后用扳手将螺杆顶出杆旋入低速轴内部，直至将螺杆顶出减速器低速轴。

（4）从机筒前端用手将螺杆拉出。

【螺杆安装】 与螺杆拆卸顺序相反。

（1）取下螺杆顶出器。

（2）装入螺杆。

（3）装回螺杆尾部的旋转接头。

（4）装上机头。

（5）用手转动带轮若干圈，注意观察（听）有无干涉现象，以无摩擦声为正常。

计 划 单

学习领域	电线电缆挤出机电气系统检测与维修				
学习情境	电线电缆挤出机电气系统检测与维修			学时	20
计划方式	小组讨论、成员之间团结合作共同制订计划				
序号	实施步骤			使用资源	
1					
2					
3					
4					
5					
6					
7					
8					
制订计划说明					
	班级		第 组	组长签字	
	教师签字			日期	
计划评价					

152

决 策 单

学习领域	电线电缆挤出机电气系统检测与维修						
学习情境	电线电缆挤出机电气系统检测与维修					学时	20
方案讨论							
方案对比	组号	任务耗时	任务耗材	实现功能	实施难度	安全可靠性	环保性	综合评价
	1							
	2							
	3							
	4							
	5							
	6							
	7							
	8							
	9							
方案评价	评语:						

班级		组长签字		教师签字		月　日

材料工具清单

学习领域	电线电缆挤出机电气系统检测与维修						
学习情境	电线电缆挤出机电气系统检测与维修					学时	20
项目	序号	名称	作用	数量	型号	使用前	使用后
所用仪器仪表	1	万用表	检查、测试电路	1	MF-47		
	2	低压验电笔	检查、测试电路	1			
所用材料	1	导线	连接电路	若干			
	2	尼龙扎带	捆扎导线	若干			
	3	编码套管	保护导线	若干			
	4	尼龙扎带	导线标号	若干			
所用工具	1	剥线钳	剖削导线	1			
	2	电工刀	剖削导线	1			
	3	钢丝钳	剪断导线	1			
	4	斜口钳	剪断导线	1			
	5	螺钉旋具	拆卸、安装元件	1套			
	6	尖嘴钳	拆卸、安装元件	1			
班级		第　组	组长签字		教师签字		

实 施 单

学习领域	电线电缆挤出机电气系统检测与维修		
学习情境	电线电缆挤出机电气系统检测与维修	学时	20
实施方式	小组合作；动手实践		
序号	实施步骤	使用资源	
1			
2			
3			
4			
5			
6			
7			
8			

实施说明：

班级		第　组	组长签字	
			日期	

155

作 业 单

学习领域	电线电缆挤出机电气系统检测与维修		
学习情境	电线电缆挤出机电气系统检测与维修	学时	20
作业方式	资料查询、现场操作		
1	塑料挤出机组由哪几部分设备组成？		
作业解答：			
2	总结电线电缆塑料挤出机系统的电气控制原理。		
作业解答：			
3	橡胶挤出机组由哪几部分组成？与塑料挤出机组有什么区别？		
作业解答：			
4	总结电线电缆橡胶挤出机系统的电气控制原理。		
作业解答：			
5	橡胶挤出机组的日常维护与检修要点有哪些？		
作业解答：			

作业评价	班级		第 组	组长签字		
	学号		姓名			
	教师签字		教师评分		日期	
	评语：					

检 查 单

学习领域	电线电缆挤出机电气系统检测与维修			
学习情境	电线电缆挤出机电气系统检测与维修		学时	20
序号	检查项目	检查标准	学生自查	教师检查
1	资讯问题	回答认真、准确		
2	故障现象的观察	观察细致、准确，能够为故障检测提供参考		
3	故障分析	能够读懂电气原理图，故障范围合理、判断准确		
4	故障检测	会用校验灯和万用表检查电线电缆挤出机的电气控制系统		
5	检测仪表的使用	仪表使用正确、合理		
6	维修工具的使用	正确使用维修工具；用后归放原位，摆放整齐		
7	器件的拆卸与安装	拆卸方法正确、安全；修复后，安装符合工艺要求、规范、整齐		
8	通电试车	操作熟练、安全可靠		
9	故障排除	能够排除电气控制系统常见故障		
10	维修记录	记录完整、规范		

实施说明：

班级		第 组	组长签字	
			日期	

评 价 单

学习领域	电线电缆挤出机电气系统检测与维修					
学习情境	电线电缆挤出机电气系统检测与维修			学时		20
评价类别	项目	子项目	个人评价	组内互评	教师评价	
专业能力 （60%）	资讯 （10%）	搜集信息（5%）				
		引导问题回答（5%）				
	计划 （12%）	计划可执行度（5%）				
		检修程序的安排（4%）				
		检修方法的选择（3%）				
	实施 （13%）	遵守机床电气检修安全 操作规程（3%）				
		拆装工艺规范（6%）				
		"6S"质量管理（2%）				
		所用时间（2%）				
	检查 （10%）	全面性、准确性（5%）				
		故障的排除（5%）				
	过程 （15%）	使用工具规范性（2%）				
		检修过程规范性（2%）				
		工具和仪表管理（1%）				
	结果 （10%）	故障排除（10%）				
社会能力 （20%）	团结协作 （10%）	小组成员合作良好（5%）				
		对小组的贡献（5%）				
	敬业精神 （10%）	学习纪律性（5%）				
		爱岗敬业、吃苦耐劳 精神（5%）				
方法能力 （20%）	计划能力 （10%）	考虑全面、细致有序（10%）				
	决策能力 （10%）	决策果断、选择合理（10%）				
评价评语	班级		姓名	学号		总评	
	教师签字		第　组	组长 签字		日期	
评语：						

教学反馈单

学习领域	电线电缆挤出机电气系统检测与维修				
学习情境	电线电缆挤出机电气系统检测与维修		学时		20
序号	调查内容	是	否	理由陈述	
1	是否明确本学习情境的学习目标？				
2	是否完成了本学习情境的学习任务？				
3	是否达到了本学习情境的要求？				
4	资讯的问题都能回答吗？				
5	知道挤出机电气系统的检修流程和检修方法吗？				
6	能够正确识读挤出机电气系统的电路图吗？				
7	能否知道挤出机的运动情况？				
8	是否可以电气控制系统检查和排除常见的故障？				
9	掌握挤出机电气系统的配线工艺和安装工艺吗？（请在下面回答）				
10	本学习情境还应学习哪些方面的内容？				
11	本学习情境学习后，还有哪些问题不明白？哪些问题需要解决？（请在下面回答）				
您的意见对改进教学非常重要，请写出您的建议和意见：					
调查信息	被调查人签名		调查时间		

学习情境 6　电线电缆成缆机设备及其电气控制系统维修

本学习情境任务单

学习领域	电线电缆成缆机电气系统检测与维修		
学习情境	电线电缆成缆机电气系统检测与维修	学时	20
布　置　任　务			
学习目标	☺ 能够对成缆机组设备进行操作，知道成缆机的各种状态、加工范围及操作方法。 ☺ 能够按照电路图的识图原则识读成缆机的电气接线图，知道电气元件的分布位置和布线情况。 ☺ 能够检测并排除成缆机系统的各种电气故障。 ☺ 知道成缆机系统电气设备维修安全操作的相关规定及检修流程。		
任务描述	现有一套电缆绞线生产线系统，检测并排除故障，使其达到正常工作状态。具体任务要求如下所述。 ☺ 观察设备状态，询问操作工人，记录工人对故障的描述、故障发生前设备的状态、故障发生后的现象及车床近期的加工任务。 ☺ 根据成缆机电气控制系统原理图分析故障，判断故障发生在电气系统还是机械系统。 ☺ 按照电气设备维修安全操作的相关规定及检修流程，利用万用表、低压验电笔检测电气控制系统，确定故障点。 ☺ 使用电工维修工具排除故障。 ☺ 运行维修后的设备，观察其运行状态，测量并调整相关参数，使其达到正常工作状态。		

学时安排	资讯 1学时	计划 1学时	决策 1学时	实施 14学时	检查 1学时	评价 2学时
提供资料	☺ 许昌阳光电缆集团 ☺ 上海起帆电缆公司 ☺ 江苏富川机电公司 ☺ 上海兆年重工集团 ☺ 安徽长江精工电工机械制造有限公司 ☺ 上海鸿得利重工公司 ☺ 东莞市精铁机械有限公司 ☺ 昆山市宏泰机电设备有限公司 ☺ 杭州三普机械有限公司 ☺ 于润伟. 机床电气系统检测与维修. 北京：高等教育出版社，2009 ☺ 邱彦龙. 机床维修技术问答. 北京：机械工业出版社，2006 ☺ 周建清. 机床电气控制. 北京：机械工业出版社，2008					
对学生 的要求	☺ 必须掌握成缆机电气控制系统的常识性知识，能够熟练操作设备。 ☺ 必须读懂成缆机电气控制系统的电路图。 ☺ 必须掌握成缆机电气控制系统中器件的安装和接线方法。 ☺ 必须学会正确使用电工工具和仪表，并做好维护和保养工作。 ☺ 实施过程中，必须时刻注意用电安全，严格遵守安全操作过程。 ☺ 按任务要求完成成缆机电气控制系统的检测、维修和调试。 ☺ 实施过程中，要爱护工具和仪表，若损坏应照价赔偿。 ☺ 严格遵守课堂纪律和工作纪律，不迟到，不早退，不旷课。 ☺ 上课时必须穿工作服，女生应戴工作帽，不许穿拖鞋上课。 ☺ 树立职业意识，并按照企业的"6S"（整理、整顿、清扫、清洁、素养、安全）质量管理体系要求自己。 ☺ 本情境工作任务完成后，需提交学习体会报告，要求另附。					

任务 1 了解成缆机分类及作用

多芯电缆绝缘线芯的绞合称为成缆。它包括绝缘线芯的绞合和带绝缘绕包两个工艺过程。成缆机分为笼式、弓式及盘式等形式。笼式成缆机的主要参数见表 6-1。

表 6-1 CL 系列笼式成缆机基本参数

主 要 参 数									
盘具		工艺							最大设备中心高/mm
放线盘直径/mm	盘数及其配置/mm	进线外径/mm	出线外径最大/mm	成缆节距/mm	中心轴孔径/mm	最大绞合角(°)	轮速		
							公比	级数	
400	6+12	1.0～3.5	16	36～360	120				
400	6+12+18								
630	6	2.0～10	40	26～360 或 90～120					
	6+12								
	12+18+24								
1000	3	5.0～20	63	200～2000		45	1.18	6	1000
	1+3								
	6								
1600	3	10～35	80	500～4000	待定				
	1+3								
	3								
2000	1+3								

6.1.1 笼式成缆机

笼式成缆机由绞合装置、并线模座、绕包头、牵引装置、收排线装置及传动系统组成。图 6-1 所示为 CL1000/6 型成缆机。图 6-2 所示为放线装置。

小规格的成缆机绞笼结构与笼式绞线机相似。大型成缆机的绞合装置由两个大小不同的圆盘紧固在一个空心轴上,空心轴的后端在主轴承中旋转,前后圆盘均由托轮支撑。两圆盘间有 3 个放置放线盘的盘架,盘架轴头上装有退扭用的齿轮机构,利用行星式齿轮系统来退扭。

成缆机空心轴的最前端安装有分线板,使绞合前的绝缘线芯依照正确方向进入并线模,并可防止线芯回扭。分线板有模孔式和辊轮式两种,每根成缆线芯都经过一对辊轮或分线板的模具。不同的截面的线芯应选择不同尺寸的辊轮或模具。

油浸纸绝缘电力电缆的成缆一般用托盘收线。这时的轮式牵引必须是差动式的,或者用履带牵引。塑料电缆的成缆是用线盘收线的,其收线机构和牵引装置与绞线机相同。成缆机都有一个星形架,用来放置纸绳或电缆麻团作填充用。星形架固定在绞笼上,并随其一起旋转。

在并线模架后设有绕包头,按包带盘与缆芯的相地位置分为普通式、平面式、切线式和同心式 4 种。

【普通式绕包头】 绕包带是由与缆芯成一定角度的带盘直接绕在缆芯上的，由于在绕包过程中放线张力不断改变，所以绕包质量不佳。转动体上可装置 2 个或 4 个带盘，并可自由调节带盘的偏斜角度。这种结构简单，调节方便，目前仍有使用。但与转动体联接刚性较差，转速不能很高。放带张力靠停车时手动调节。

图 6-1　CL1000/6 型成缆机

图 6-2　放线装置

【平面式绕包头】 带盘轴与缆芯轴线方向互相平行，绕包带经一组导杆后包到缆芯上。转动体上可布置多个带盘，当需要包带层数多时，用这种形式的绕包头可减少设备总长。因旋转阻力比普通式绕包头大大减小，转速可相应提高，故使用较多。

【切线式绕包头】 带盘轴与电缆轴线互相垂直，绕包带自带盘放出，经一组导杆，最后与电缆表机相切。由于绕包带经过导杆的作用，放带盘张力的变化已消除，绕包带两侧张力均匀，所以包覆张力均匀，绕包紧密，质量好。但操场作较复杂，转速不能太高，一般在 250r/min 以下。

【同心式绕包头】 绕包带盘与电缆同一轴心，此种绕包头的转速可达 600～1000r/min，其缺点是不能随时更换带盘。所在还得有储带盘装置，按电缆生产长度需要一次储足。

包带绕包方向与外层绞向相反。包带材料一般为塑料或玻璃布。其绕包形式有间隙式和重叠式两种。相邻两节距绕包带之间有一定间隙时称为间隙绕包，间隙值依缆芯直径和带宽而定，一般为 1～3mm。采用间隙绕包时，一般要包两层以上，内外层搭盖带宽的 1/3 或 1/2，由于绕包平整、紧密，电缆弯曲时性能好，所以此方法采用最多。相邻两节距绕包带间彼此搭盖时称为重叠绕包，搭盖率一般为带宽的 20%～30%，此方法常用于单层绕包，当电缆弯曲时，搭盖处会出现绕包带起皱的现象。

图 6-3 所示为成缆机绕包装置。图 6-4 所示为金属绕包。

图 6-3　成缆机绕包装置

图 6-4　金属绕包

164

6.1.2 盘式成缆机

普通式成缆机绞笼庞大，笼内放线盘很重，因而转速慢，生产率不高。利用束线原理制作而成的盘绞式成缆机，不仅生产率高，而且适用范围广，既能用于制造各类电力电缆，又可用于制造各种通信电缆和控制电缆。这种成缆机的放线盘固定，而收线盘可同时完成绞合和收线双重运动，还可同时进行退扭。

盘式成缆机的主要参数是收线盘规格，收线盘分为 1000mm，1600mm，2000mm，2500mm，3150mm 五种。

图 6-5 所示的是盘式成缆机。该机由旋转式放线架、扇形芯自动校准器、并线模、塑料带包带头、钢/铜带包带头、旋转式履带牵引、旋转式收线架、传动及控制系统组成。

图 6-5　盘式成缆机

放线架与履带牵引、收线架既可同步转动，也可单独静止，可以满足退扭、不退扭、预扭和不预扭等成缆工艺要求。

预扭线芯成缆时，放线架可通过主电动机带动旋转，若成缆圆形绝缘线芯不需要退扭时，放线架便可固定放线。

放线架为"U"形叉式结构，放线盘支撑在叉端的两个顶尖内。顶尖由单独的电动机驱动。顶尖轴上装有气动制动装置，用以控制放线张力。放线盘由液压升降平台辅助装卸。齿轮传动箱内设有差动系统，由安装在放线架上的矫正电动机单独驱动。放线架与主传动地轴相连，由主电动机驱动，也可分别由各自的矫正电动机加以控制。矫正电动机和扇形芯自动校准器组成了扇形芯矫准系统。在绞合扇形芯电缆的过程中，无论是否进行预扭，扇形芯自动校准器时刻监视着扇形芯圆心角的位置。如果矫准器发现扇形芯圆心角偏离电缆几何中心时，可立即向矫正电动机发出信号，可使扇形芯圆心角自动回归到正确位置，这些都在线芯进入并线模之间进行。

并线模有两个，两个模具之间的距离可以调整。绞合后的线芯在进入履带牵引前需要绕包绝缘带。

塑带和钢、铜带包带头的动力均由主电动机传动，并经自身的无级变速器控制。包带头上装有光电式完带停车装置，塑带头还设有断带停车装置。张力控制是由带式制动、空气减振器及杠杆装置组成，保证放带张力恒定。

旋转式履带牵引由转体和牵引履带等组成。履带安装在转体内，随立脚点旋体旋转的同时牵引着电缆移动，履带的张紧、压紧和松开都由压缩空气经气缸和压辊控制。调节气压可改变牵引力，并设有过载自动停车系统，牵引速度可以调节，以便对成缆节距作精细调整。

旋转式收线架也是叉式结构。收线盘的支撑结构、装卸盘操作和气动钳式制动同放线架相似。收线架上装有收线电动机和排线装置，工作时同收线架一起旋转，可根据设定的成缆外径和收线盘规格进行自动收/排线。有的设备还在收线架上装有电视摄像头，可以把收/排线情况通过安装在操作台上的电视屏幕显示出来。

盘绞式成缆机的特点是使用范围广，生产效率高，能够生产大长度电缆，并且自动化程度高，使用安全可靠，操作简单。但设备结构较复杂，维修难度较大。

国内引进的主要盘绞式成缆机参数见表 6-2。

表 6-2　国内引进的主要盘绞式成缆机参数

制 造 厂 商	收线盘直径/mm	最大转速 r/min	最大线速度 m/min
法国 POURTIER 公司	1600	180	100
法国 POURTIER 公司	2500	100	100
法国 POURTIER 公司	3000	100	90
加拿大 CEECO 公司	2500	120	110
美国 ESSEX 公司	2400	150	130
奥地利 COUNTY 公司	3000	120	100

任务 2　熟悉摇篮式成缆机

摇篮式成缆机用于各种中低压电力电缆、通信电缆、控制电缆及矿用电缆的绞合成缆，被绞制线芯截面可以是圆形的，也可以是扇形的。摇篮式成缆机如图 6-6 所示。

图 6-6　摇篮式成缆机

6.2.1　设备组成

◎ 中心放线架

◎ 绞体

◎ 双列线模座

◎ 非金属绕包装置

◎ 金属绕包装置

- ☺ 计米器
- ☺ 牵引装置
- ☺ 收/排线架
- ☺ 机械传动系统
- ☺ 电气控制系统
- ☺ 安全防护系统

6.2.2 结构特点

【齿轮退扭】 绞体采用齿轮退扭，传动稳定，转速高，故障率低。

【不退扭选择】 绞体具有退扭和不退扭选择功能。

【预扭功能】 扇形线绞合时，具有单盘预扭功能，可进行电动预扭或手动预扭。

【电动夹紧】 绞体放线架采用电动夹紧或放松线盘，操作方便。

【电控系统先进】 主电动机采用交流电动机变频调速，采用进口变频器控制电动机运行；整机运行采用进口 PLC 控制，电控系统技术先进，操作方便，运行可靠。

6.2.3 技术参数

型　　号	JC-2000/1+1+3	JC-1600/1+1+3	JC-1250/1+1+3	JC-1250/1+6	JC-1000/1+6
绞合单线直径/mm	$\phi10\sim\phi35$	$\phi10\sim\phi35$	$\phi6\sim\phi25$	$\phi6\sim\phi25$	$\phi5\sim\phi20$
最大成缆直径/mm	$\phi80$	$\phi80$	$\phi75$	$\phi75$	$\phi60$
绞体最高转速/(r/min)	10	15	30	25	40
最大牵引线速度/(m/min)	30	30	40	40	40
放线盘规格	PN2000	PN1600	PN1250	PN1250	PN1000
收线盘规格	PN3150	PN3150	PN2500	PN2500	PN2000
牵引轮直径/mm	$\phi2500$	$\phi2500$	$\phi2000$	$\phi2000$	$\phi1600$
主电动机功率/kW	55(AC)	45(AC)	37(AC)	37(AC)	30(AC)

6.2.4 各部件结构说明

1. $\phi1600$ 端轴式放线架

【结构说明】 放线架为端轴式，放线盘的夹紧或放松是通过夹紧电动机经一对 V 带轮将动力传给丝杠螺母，从而带动立柱移动，实现对放线盘的夹紧或放松。当夹紧力达到一定要求时，V 带轮开始打滑，保证设备和线盘不会损坏。线盘升降机构由升降电动机、蜗轮箱、丝杠螺母组成。升降电动机的动力经蜗轮箱传给丝杠螺母，从而实现线盘的升降。

装入线盘时，依据所夹线盘的不同规格，将两个立柱相对移动到合适的宽度（即两顶尖之间的距离大于线盘宽度 50~80mm），点动立柱上的按钮，使顶针轴调整到所夹线盘的中心高度，把线盘推入两个顶针之间，再点动立柱移动按钮，使两个顶针插入线盘孔中顶紧线盘，操作立柱上的上升按钮使线盘抬起（一般离底板 50mm 即可，用于小线盘时尽可能多抬高，便于万向传动轴工作在最佳位置）。卸下线盘时，点动立柱上的下降按钮使线盘下降到底板上，操作立柱亥松按钮，使两个顶针与线盘脱离（其距离大于

100～120mm），取下线盘，更换新盘。放线张力由手动调节张力带的松紧度来控制，其大小按实际需要确定。

【技术参数】

☺ 适用线盘规格：PN800～PN1600

☺ 夹紧电动机功率：N=0.75kW（2 台）

☺ 升降电动机功率：N=1.5kW（2 台）

2．六盘绞笼

六盘绞笼是有一整根空心轴、3 个焊接绞盘、6 个线盘架及安装在绞笼前的填充装置组成，通过刚性联轴节同主传动箱体联接，3 个绞盘分成两个开挡，分别放 3 个线盘架，线盘架轴心线与主轴中心线互相平行，在绞笼的绞盘后部装有退扭齿轮和中间齿轮，只需将螺销放置在使制动盘连为一体或与箱体端盖联接的位置，即可实现回扭与不回扭控制的需要。绞体安装有手动预扭装置，可实现线盘预扭功能。6 个放线架放线盘均采用 PN1000 线盘，放线张力机械摩擦控制，可以通过调节张力带的松紧来调节线盘张纹体变速箱具有 6 级变速和左、右换向及空挡功能。制动方式采用气动制动。绞体上配有填充绳放线架 12 只，可放置 12 根填充绳。

3．线模座

在绞笼的出线端装有双列线模座，由模座架和两个并线模组成，模架有 ϕ130 圆孔，用户可按线缆要求放置适合的并线模。机架上装有手轮和丝杆，能调整模座的前、后位置，使模口位置和绞线角度相适应，促使电缆在并线模里能很好地绞合。

4．绕包装置（非金属带）

【结构说明】 普通式绕包装置为四盘半切式结构，由一个六级变速箱、转动绕包头、防护罩、模架及传动等组成，用以对成缆绞合后的芯线作绕包之用，根据需要可绕包纸带、塑料带等。可根据绕包节距来选择转动体的转速，转速的调整是根据 6 级变速箱上手柄的示意图并拨动相应的手柄来实现的，拨动调速手柄可使转动体获得不同旋转或挂空挡脱开传动系统。

〖注意〗 为了保证生产的安全进行，调整绕包装置的转速时，应停车换挡！绕包旋转时应关上防护罩。

装夹带盘时，卸下带圈夹上外侧的纸夹板，装上带盘，再装上外侧的纸夹板及张力调整装置。把张力调整适当，然后调整螺纹外套使带盘夹紧。当带盘用完停车后，卸下张力调整装置及纸夹板，换上新盘。纸盘面和电缆轴线之间的夹角应按电缆制造工艺所要求的纸带搭接率来调整，绕包角度调节范围约为 380，调节适当后用螺钉并紧盘芯轴和转向臂。模架固定在绕包头后面，待绕包角度调整好后将模架的模口位置固定。

【技术规格】

☺ 带盘规格：ϕ400mm

☺ 带盘数量：4

☺ 带盘宽度：15～60m

☺ 转速：168.1～374.7r/min

168

☺ 包带节距：11.9～197.0mm

5．普通纸包

【结构说明】 一普通纸包装置由一个 6 级变速箱、转动绕包头、防护罩及传动等组成，用以对成缆绞合后的芯线作绕包之用。根据绕包节距来选择转动体的转速，转速的调整是根据 6 级变速箱上手柄的示意图并拨动相应的手柄来实现的，拨动调速手柄可使转动体获得不同旋转或挂空挡脱开传动系统。为了保证生产的安全进行，调整半包装置的转速时，应停车换挡。

【主要技术参数】

☺ 带盘最大直径：ϕ400mm

☺ 节距：133.7～1869.6mm

☺ 绕包转速：17.7～33.5r/min

6．ϕ2000 单牵引

一个牵引装置由两个ϕ200mm、宽 500mm 的牵引轮和一台 27 级变速箱组成。电缆由牵引轮拖曳作直线前进，通过操作 27 级齿轮变速箱的变速手柄可改变牵引轮的转速，调整生产速度和成缆节距，绕包节距，以满足工艺要求（当然在牵引速度固定的情况下，也可由改变绞笼和绕包装置的转速来达到）。在牵引轮的上部装有领线环调整装置，调节它可使领线环得到各种推线距离，以满足不同规格电缆成缆的需要。

牵引线速度：4.48～33.11 m/min

7．ϕ2000 端轴收/排线架

【结构说明】 单独收/排线架是由传动变速箱、排线装置、收线架等组成。收线是由力矩电动机单独驱动的。力矩电动机通过传动变速箱，再经万向节将动力传至收线架，当接通收线轴端的牙嵌离合器后，收线轴就带动收线盘旋转，收线盘的转速将随收卷直径的增大而逐渐减慢，力矩电动机的软特性保证了收线时的电缆张力。

排线是由光杆排线器来实现的，通过调节手柄可无级调整排线节距。

收线轴的升降是由单独电动机驱动的。在收线电气控制箱上备有专门的按钮，可在需要时操纵。

【技术参数】

☺ 收线盘规格：PN1000～PN2000

☺ 收线盘转速

　　凸 慢挡：0～10r/min

　　凸 快挡：0～30 r/min

☺ 力矩电动机：6kg·m

☺ 转速：1000r/min

☺ 升降电动机功率：2.2kW

☺ 转速:1430r/min

8．传动系统

本设备的传动系统采用统一传动和单独传动相结合的形式。统一传动部分主要是用于传动绞笼、非金属绕包和牵引轮，为的是保证成缆绞合时能按电缆制造工艺所要求的那样，有固定的成缆节距和绕包节距，它由一台 22kW 交流电动机驱动，经双出轴主传动牙箱传至地轴，使地轴获得转速，地轴的一端经两次换向传至绞体变速箱，另一端经两次换向后传至非金属绕包装置和牵引装置，其中每一个组件和地轴都用滚子联轴节联接，安装方便，也便于在调整工艺线路时将所需要的组件更换上去，使其具有一定的灵活性和方便技术改造。在驱动电动机和主传动减速箱之间设有制动装置，由一台 YWZ 型制动器及φ300mm 制动轮组成。当设备启动时，制动器上的液压推动器推动推杆上升，推开制动器，释放制动轮；主电动机转动停车时，推动器释放，推杆在弹簧的作用下复位，抱合制动轮，实现制动。

6.2.5　操作基础

（1）检查机器本身及各运转部分的正确性，联销装置和线盘架的可靠性，线盘张力控制的均匀性，以及防护设施的安全性。

（2）根据工艺要求，确定各变速箱体的排挡位置。

（3）根据工艺要求配置压模。

（4）将带有芯线或单线的放线盘放入手动放线架，并将该线通过绞体的空心轴引至压线模座。

（5）将带有单线或股线的线盘分别装入摇篮架内，并将线盘夹紧，再将线盘上的线头穿过线盘架的轴端模孔，经导轮在并线模处使线束聚集。

（6）将适当的空收线盘装入收/排线架。

（7）预置引线绳，从牵引起经非金属绕包、线模座再到纹笼空心轴，并与汇线模处的线束及芯线扎牢。

（8）慢速开动机器，将绞线压在牵引上，然后停车。

（9）检查节距及绞线直径等有关工艺要求是否符合，然后确定是否需要调整，直至符合要求为止。

任务 3　了解盘绞式成缆机结构组成

盘绞式成缆机用于大截面、大长度电力电缆或通信电缆的绞合成缆，可用于高压、超高压分割导体的绞制，还可用于钢丝钢带铠装或铜丝铜带屏蔽等，如图 6-7 所示。

图 6-7　盘绞式成缆机

6.3.1　设备组成

☺ 100 对绝缘线芯放线架（通信电缆选用）　　☺ 一次摆动头（通信电缆选用）

☺ 中心放线架（钢丝铠装选用）　　☺ 扎纱装置（通信电缆选用）

170

☺ 旋转放线架　　　　　　　　　　☺ 非金属绕包装置

☺ 导线架　　　　　　　　　　　　☺ 金属绕包装置

☺ 填充绳放线架　　　　　　　　　☺ 旋转履带牵引机

☺ 相位检测装置（分割导体选用）　☺ 盘绞头收线装置

☺ 纵包装置（分割导体选用）　　　☺ 液压升降平台（选择使用）

☺ 并线模座　　　　　　　　　　　☺ 电气控制系统

☺ 钢丝放线装置（选择使用）　　　☺ 安全防护系统

6.3.2　结构特点

【生产效率高】　中心放线架和收线架采用新型开放式叉架的盘式结构，采用液压升降台装卸线盘，绞体转速高，装卸线盘操作方便，极大提高了生产效率。

【电控系统先进】　各放线架旋转电动机、绕包电动机、牵引电动机、收线架旋转电动机、排线电动机均为交流电动机，采用变频调速，收线电动机采用直流电动机，均采用进口调速器控制电动机运行。采用进口 PLC 统一指挥协调整机各部分电动机启动、运行和同步等。采用进口 10.4in 彩色触摸屏，用于显示或设定在线工艺参数。电控系统技术先进、性能稳定、操作方便、运行可靠。

【排线设定】　排线节距可在触摸屏上进行设定、修改和显示，可在触摸屏上设定左/右排/线、点动和快速移动等。

【托轮支撑】　收线架采用托轮式结构，增加了刚性及运转的平稳性和可靠性。

【安全性高】　设有收/放线架叉架的水平保护、液压升降台的复位保护、排线超程保护、断带/完带保护、防护罩安全保护、气压欠压保护、收/排线电源保护、调速装置的故障报警等多种安全保护，操作安全、方便。

6.3.3　技术参数

成缆机技术参数见表 6-3。

表 6-3　成缆机技术参数

型　　号	JPD-4200	JPD-4000	JPD-3500	JPD-3150	JPD-2500	JPD-2000	JPD-1600
最大成缆直径/mm	ϕ150	ϕ150	ϕ130	ϕ130	ϕ120	ϕ100	ϕ60
绞体最高转速/(r/min)	25	25	30	30	40	50	80
最大牵引线速度/(m/min)	40	40	40	50	50	50	60
中心放线盘规格	PN4200	PN4000	PN3500	PN3150	PN2500	PN2000	—
放线盘规格	PN2500	PN2500	PN2500	PN2000	PN1600	PN1250	PN500
收线盘规格	PN4200	PN4000	PN3500	PN3150	PN2500	PN2000	PN1600
钢丝放线盘规格	PND630	PND630	PND630	PND630	PND500	PND500	—
最大牵引力/kg	6000	6000	6000	5000	3000	3000	—

计 划 单

学习领域	电线电缆成缆机电气系统检测与维修		
学习情境	电线电缆成缆机电气系统检测与维修	学时	20
计划方式	小组讨论、成员之间团结合作共同制订计划		
序号	实施步骤		使用资源
1			
2			
3			
4			
5			
6			
7			
8			
制订计划说明			
计划评价	班级	第 组	组长签字
	教师签字		日期

决 策 单

学习领域	电线电缆成缆机电气系统检测与维修		
学习情境	电线电缆成缆机电气系统检测与维修	学时	20
方案讨论			

方案对比	组号	任务耗时	任务耗材	实现功能	实施难度	安全可靠性	环保性	综合评价
	1							
	2							
	3							
	4							
	5							
	6							
	7							
	8							
	9							

方案评价	评语：

班级		组长签字		教师签字		月　日

材料工具清单

学习领域	电线电缆成缆机电气系统检测与维修						
学习情境	电线电缆成缆机电气系统检测与维修					学时	20
项目	序号	名称	作用	数量	型号	使用前	使用后
所用仪器仪表	1	万用表	检查、测试电路	1	MF-47		
	2	低压验电笔	检查、测试电路	1			
所用材料	1	导线	连接电路	若干			
	2	尼龙扎带	捆扎导线	若干			
	3	编码套管	保护导线	若干			
	4	尼龙扎带	导线标号	若干			
所用工具	1	剥线钳	剖削导线	1			
	2	电工刀	剖削导线	1			
	3	钢丝钳	剪断导线	1			
	4	斜口钳	剪断导线	1			
	5	螺钉旋具	拆卸、安装元件	1套			
	6	尖嘴钳	拆卸、安装元件	1			
班级		第　　组	组长签字		教师签字		

实　施　单

学习领域	电线电缆成缆机电气系统检测与维修		
学习情境 1	电线电缆成缆机电气系统检测与维修	学时	20
实施方式	小组合作；动手实践		
序号	实施步骤		使用资源
1			
2			
3			
4			
5			
6			
7			
8			
实施说明：			
班级		第　组	组长签字	
			日期	

作 业 单

学习领域	电线电缆成缆机电气系统检测与维修		
学习情境	电线电缆成缆机电气系统检测与维修	学时	20
作业方式	资料查询、现场操作		
1	总结电线电缆的成缆工艺。		
作业解答：			
2	摇篮式成缆机由哪几部分设备组成？		
作业解答：			
3	ϕ2000端轴收/排线架的工作原理是什么？		
作业解答：			
4	盘绞式成缆机由哪几部分设备组成？		
作业解答：			
5	总结盘绞式成缆机的结构特点。		
作业解答：			

作业评价	班级		第 组	组长签字		
	学号		姓名			
	教师签字		教师评分		日期	
	评语：					

176

检 查 单

学习领域	电线电缆成缆机电气系统检测与维修			
学习情境	电线电缆成缆机电气系统检测与维修		学时	20
序号	检查项目	检查标准	学生自查	教师检查
1	资讯问题	回答认真、准确		
2	故障现象的观察	观察细致、准确，能够为故障检测提供参考		
3	故障分析	能够读懂电气原理图，故障范围合理、判断准确		
4	故障检测	会用校验灯和万用表检查电线电缆成缆机的电气控制系统		
5	检测仪表的使用	仪表使用正确、合理		
6	维修工具的使用	正确使用维修工具；用后归放原位，摆放整齐		
7	器件的拆卸与安装	拆卸方法正确、安全；修复后，安装符合工艺要求、规范、整齐		
8	通电试车	操作熟练、安全可靠		
9	故障排除	能够排除电气控制系统常见故障		
10	维修记录	记录完整、规范		

实施说明：

班级		第　组	组长签字	
			日期	

评 价 单

学习领域	电线电缆成缆机电气系统检测与维修					
学习情境	电线电缆成缆机电气系统检测与维修			学时		20
评价类别	项目	子项目	个人评价	组内互评	教师评价	
专业能力（60%）	资讯（10%）	搜集信息（5%）				
		引导问题回答（5%）				
	计划（12%）	计划可执行度（5%）				
		检修程序的安排（4%）				
		检修方法的选择（3%）				
	实施（13%）	遵守机床电气检修安全操作规程（3%）				
		拆装工艺规范（6%）				
		"6S"质量管理（2%）				
		所用时间（2%）				
	检查（10%）	全面性、准确性（5%）				
		故障的排除（5%）				
	过程（15%）	使用工具规范性（2%）				
		检修过程规范性（2%）				
		工具和仪表管理（1%）				
	结果（10%）	故障排除（10%）				
社会能力（20%）	团结协作（10%）	小组成员合作良好（5%）				
		对小组的贡献（5%）				
	敬业精神（10%）	学习纪律性（5%）				
		爱岗敬业、吃苦耐劳精神（5%）				
方法能力（20%）	计划能力（10%）	考虑全面、细致有序（10%）				
	决策能力（10%）	决策果断、选择合理（10%）				
评价评语	班级		姓名		学号	总评
	教师签字		第 组	组长签字		日期
评语：						

教学反馈单

学习领域	电线电缆成缆机电气系统检测与维修			
学习情境	电线电缆成缆机电气系统检测与维修	学时		20
序号	调查内容	是	否	理由陈述
1	是否明确本学习情境的学习目标？			
2	是否完成了本学习情境的学习任务？			
3	是否达到了本学习情境的要求？			
4	资讯的问题都能回答吗？			
5	知道成缆机电气系统的检修流程和检修方法吗？			
6	能够正确识读成缆机电气系统的电路图吗？			
7	能否知道成缆机的运动情况？			
8	是否可以电气控制系统检查和排除常见的故障？			
9	掌握成缆机电气系统的配线工艺和安装工艺吗？（请在下面回答）			
10	本学习情境还应学习哪些方面的内容？			
11	本学习情境学习后，还有哪些问题不明白？哪些问题需要解决？（请在下面回答）			
您的意见对改进教学非常重要，请写出您的建议和意见：				

调查信息	被调查人签名		调查时间	

学习情境7　电线电缆制造辅助设备

本学习情境任务单

学习领域	电线电缆制造辅助设备		
学习情境	电线电缆制造辅助设备	学时	12
布置任务			
学习目标	☺ 能够对电线电缆收/放线设备进行操作，知道设备的各种状态、加工范围及操作方法。 ☺ 能够按照电路图的识图原则识读收/放线设备的电气接线图，知道电气元器件的分布位置和布线情况。 ☺ 能够检测并排除收/放线设备的电气故障。 ☺ 知道收/放线设备安全操作的相关规定及检修流程。		
任务描述	现有一套收/放线设备，检测并排除其故障，使其达到正常工作状态。具体任务要求如下所述。 ☺ 观察设备状态，询问操作工人，记录工人对故障的描述，故障发生前设备的状态，故障发生后的现象，以及车床近期的加工任务。 ☺ 根据收/放线设备电气控制系统原理图，分析故障，判断故障发生在电气系统还是机械系统。 ☺ 按照电气设备维修安全操作的相关规定及检修流程，利用万用表、低压验电笔检测电气控制系统，确定故障点。 ☺ 使用电工维修工具排除故障。 ☺ 运行维修后的设备，观察其运行状态，测量并调整相关参数，使车床达到正常工作状态。		

学时安排	资讯 1 学时	计划 1 学时	决策 1 学时	实施 6 学时	检查 1 学时	评价 2 学时
提供资料	☺ 许昌阳光电缆集团 ☺ 上海起帆电缆公司 ☺ 江苏富川机电公司 ☺ 上海兆年重工集团 ☺ 安徽长江精工电工机械制造有限公司 ☺ 上海鸿得利重工公司 ☺ 东莞市精铁机械有限公司 ☺ 昆山市宏泰机电设备有限公司 ☺ 杭州三普机械有限公司 ☺ 于润伟. 机床电气系统检测与维修[M].北京：高等教育出版社，2009 ☺ 邱彦龙. 机床维修技术问答[M].北京：机械工业出版社，2006 ☺ 周建清. 机床电气控制[M]. 北京：机械工业出版社，2008					
对学生 的要求	☺ 必须掌握收/放线设备电气控制系统的常识性知识，能够熟练操作设备。 ☺ 必须读懂收/放线设备电气控制系统的电路图。 ☺ 必须掌握收/放线设备电气控制系统中元器件的安装和接线方法。 ☺ 必须学会正确使用电工工具和仪表，并做好维护和保养工作。 ☺ 实施过程中，必须时刻注意用电安全，严格遵守安全操作过程。 ☺ 按任务要求完成收/放线设备电气控制系统的检测、维修和调试。 ☺ 实施过程中，要爱护工具和仪表，若损坏应照价赔偿。 ☺ 严格遵守课堂纪律和工作纪律，不迟到，不早退，不旷课。 ☺ 上课时必须穿工作服，女生应戴工作帽，不允许穿拖鞋上课。 ☺ 树立职业意识，并按照企业的"6S"（整理、整顿、清扫、清洁、素养、安全）质量管理体系要求自己。 ☺ 本情境工作任务完成后，需提交学习体会报告，要求另附。					

182

任务 1 了解放线设备结构及原理

放线设备以东莞市精铁机械有限公司生产的 JZF800-1600 龙门行走式主动放线架为例进行说明，它主要用于各类电线电缆和通信电缆，以及钢丝绳、钢缆制造设备的挤出、交联、成缆、绞线、装铠、翻盘生产等。图 7-1 所示为龙门式放线架。

图 7-1 龙门式放线架

7.1.1 结构特点

- ☺ ZF 型系列龙门行走式主动放线机具有设计优化、加工精良、功能齐全等特点。整机由 2 个带滚轮的地梁、2 个立柱及套筒式伸缩横梁、主动放线导线支架及电气控制系统组成。
- ☺ 主要结构件均采用优质钢板经折弯、焊接制成；伸缩套筒采用高强度无缝钢管加工而成，外形美观，整机的刚度和稳定性好。
- ☺ 本机安装在立柱上的 2 个主轴（顶尖）装卸线盘，为无轴式装卡，装卸线盘不使用吊车，且能在线架两侧装卸线盘。
- ☺ 本机工作时，电缆经导线装置将电缆从线盘上引出，电缆经储线张力器拉直，能保证电缆绝缘层的完好性及放线的均匀性，并可缩短牵引装置与放线机的距离。
- ☺ 左、右立柱骨装有线盘支撑转轴，可分别或同时升降，由两台立式电动机（2.2kW）经 BLD10-35 摆线针轮减速器驱动。
- ☺ 套筒式横梁由电动机、链轮及摩擦离合器经丝杆传动进行水平移位，用于装卸线盘。
- ☺ 龙门架的工作行程根据线盘宽度调整，采用接近开关实现工作行程超限限位，接近开关的位置可用手柄随时调整。

☺ 本机附有一台水平及垂直滚柱的导线架，根据生产的需要安装在放线架的前部，用于保证放线的均匀性。

☺ 套筒式横梁传动系统采用摩擦离合器限制线盘装卡夹紧力，并装有缓冲装置及最大极限位装置，主电动机传动系统的摩擦离合器用于防止线盘旋转过程中由于外力影响造成超载、降低冲击。

7.1.2 技术参数

☺ 线盘直径范围：$\phi 1000 \sim \phi 2000$mm

☺ 适用线盘宽度：$750 \sim 1500$mm

☺ 适用线盘重量：5000kg

☺ 收线速度：$2.3 \sim 150$m/min

☺ 适用电缆直径：$< \phi 140$mm

☺ 排线节距：节距的 $1 \sim 2\%$

☺ 收线电动机，Z4-112/4-2，5.5kw 直流电动机

☺ 行走电动机：B-IAlEDl31-59x17-l.l kW；BPY90Li-4-l.1 kW

☺ 升降电动机：BLD-12-59-2.2kW；Y100L_1-4-2.2kW

☺ 夹紧电动机：BLD-10-9-0.75kW：Y80$_2$-4-0.75kW

7.1.3 电气控制原理

JZF800-1600 龙门行走式主动放线架由接触器、按钮组成控制系统，驱动交流电动机，经摆线针轮减速器：链轮驱动龙门架行走轮滚动旋转，实现整体移动。操作面板设有左移、右移按钮，以便主动放线架在放线过程中根据生产线的需要调整放线架的工作位置。

线盘由主电动机（直流电动机 Z4-112/4-2，5.5kW）经 3 挡变速箱驱动，由 590 直流控制器、西门子触摸屏、PLC 系列调速器实现无级调速，便于随时调整放线速度。放线速度与生产线速度的一致性由张力舞蹈器进行自动控制。

电控系统整机电源三相 380VAC，交流控制回路：220VAC 和 24VDC；传感器及接口电源：220VAC。图 7-2 所示的是 JZF800-1600 龙门行走式主动放线架电气控制原理图。

控制过程如下所述。

【起动】 按下"启动"或"点动"按钮→PLC 检测"软信号"→放线运行→排线运行。

【停止】 按下"停止"按钮→PLC 检测"软信号"→排线停止→放线停止。

【检测】 通过 AI_1 和 AI_2 两个模拟量输入端口的采样信号，监控排线/放线电动机工作速度。

【控制】 通过 $Y_1 \sim Y_{11}$ 10 个数字量输出端口的信号，控制排线/放线的"左排"、"右排"、"上升"、"下降"以及"夹紧"和"放松"。

184

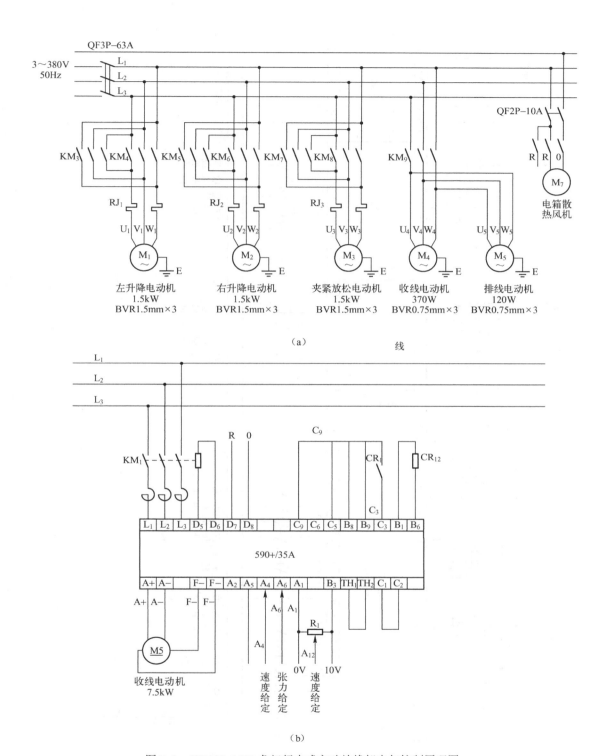

（a）

（b）

图 7-2　JZF800-1600 龙门行走式主动放线架电气控制原理图

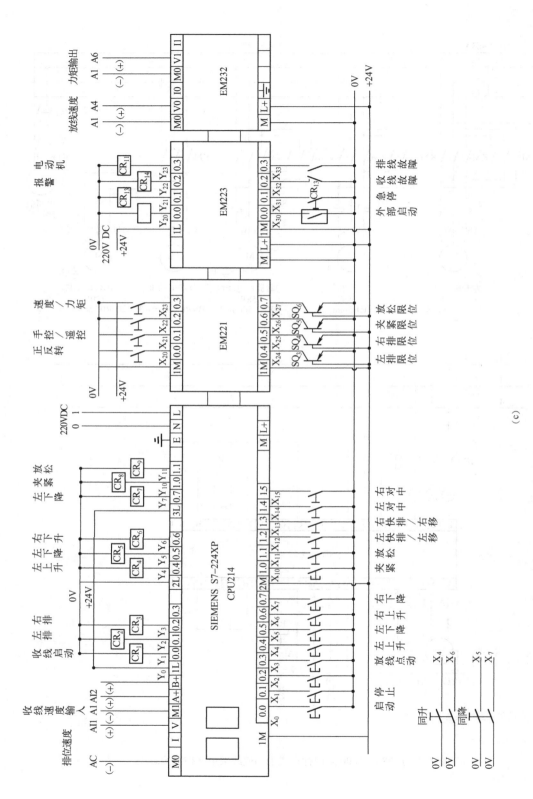

图 7-2 JZF800-1600 龙门行走式主动放线架电气控制原理图（续）

(c)

186

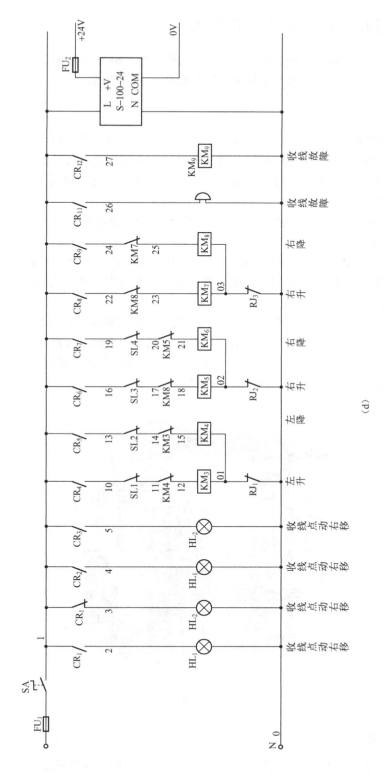

图 7-2 JZF800~1600 龙门行走式主动放线架电气控制原理图（续）

（d）

任务 2　学习收线设备基本工作原理

收线设备以东莞市精铁机械有限公司生产的 JSX1000-2000 龙门行走式收排线机为例进行说明，其主要结构、技术参数与上述放线设备相似，不再赘述。

7.2.1　概述

龙门式收/排线机如图 7-3 所示。本机工作时，电缆经导线装置将电缆导入卷绕装置，能保证电缆绝缘层的完好性及排线的均匀性，并可缩短牵引装置与收排线机的距离，为整个机架来回往复排线。左、右双立柱之间安装有线盘支撑转轴，可分别或同时升降，由两台立式电动机（2.2kW）经摆线针轮减速器驱动。

套筒式横梁由电动机（Y₂100L-6-B5-1.5kW）、链轮及摩擦离合器经丝杆传动进行水平移动，用于装卸线盘。

线盘由主电动机 Z4-5.52/4-2,5.5kW 经 3 挡变速器驱动，由 590 直流控制器、PLC 系列调速器实现无级调速，便于随时调整收线速度。收线速度与生产线速度的一致性由张力舞蹈器进行自动控制。

由 PLC、触摸屏及收线调速装置组成控制系统，驱动 BWED5.50-23×17-0.75kw 交流变频电动机，经摆线针轮减速器、链轮驱动龙门架行走轮滚动旋转，按照操作工设定的排线节距，实现自动跟踪排线。操作面板设有左排、右排、左补、右补按钮，以便收/排线架在收线过程中根据生产线的需要调整收线架的工作位置。

图 7-3　龙门式收/排线机

7.2.2　电气原理

JSX1000-2000 龙门行走式收/排线机电气控制原理图如图 7-4 所示。

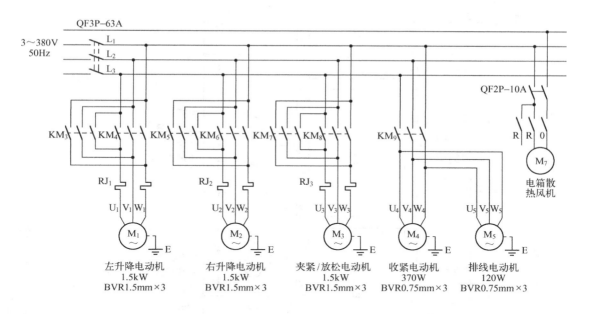

（a）

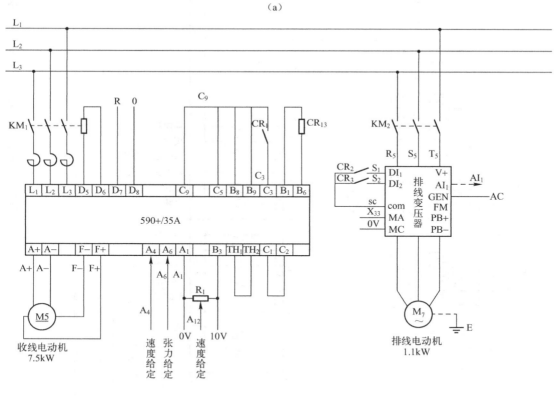

（b）

图 7-4　JSX1000-2000 龙门行走式收/排线机电气控制原理图

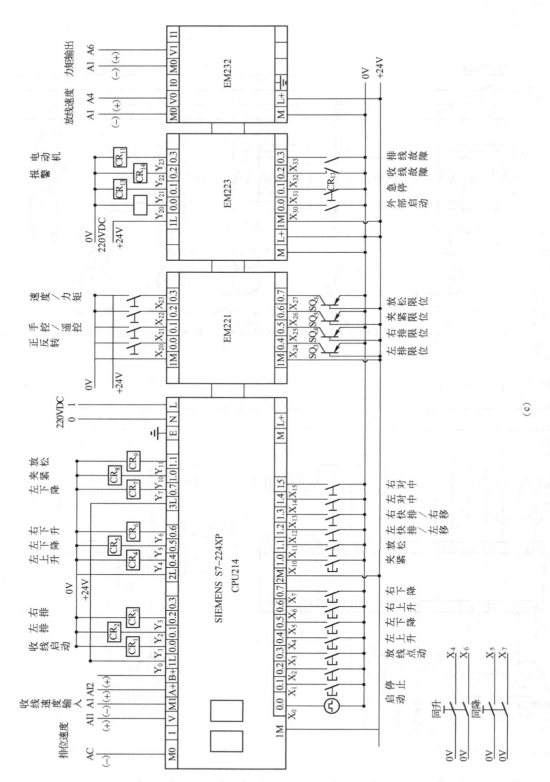

图 7-4　JSX1000-2000 龙门行走式收排线机电气控制原理图（续）

(c)

190

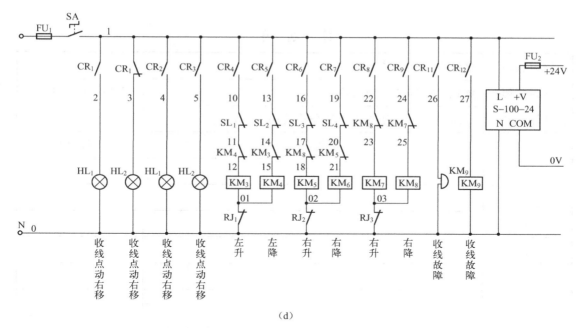

（d）

图 7-4　JSX1000-2000 龙门行走式收排线机电气控制原理图（续）

控制过程如下所述。

【起动】　按下"启动"或"点动"按钮→PLC 检测"软信号"→收线运行→排线运行。

【停止】　按下"停止"按钮→PLC 检测"软信号"→排线停止→收线停止。

【检测】　通过 AI_1 和 AI_2 两个模拟量输入端口的采样信号，监控排线/收线电动机工作速度。

【控制】　通过 $Y_1 \sim Y_{11}$ 10 个数字量输出端口的信号，控制排线/收线的左排、右排、上升、下降、夹紧和放松。

计 划 单

学习领域	电线电缆制造辅助设备		
学习情境	电线电缆制造辅助设备	学时	12
计划方式	小组讨论、成员之间团结合作共同制订计划		
序号	实施步骤		使用资源
1			
2			
3			
4			
5			
6			
7			
8			
制订计划说明			
计划评价	班级		第 组	组长签字	
	教师签字		日期	

192

决　策　单

学习领域	电线电缆制造辅助设备		
学习情境	电线电缆制造辅助设备	学时	12

方案讨论								
方案对比	组号	任务耗时	任务耗材	实现功能	实施难度	安全可靠性	环保性	综合评价
	1							
	2							
	3							
	4							
	5							
	6							
	7							
	8							
	9							

方案评价	评语：

班级		组长签字		教师签字		月　日

材料工具清单

学习领域	电线电缆制造辅助设备						
学习情境	电线电缆制造辅助设备					学时	12
项目	序号	名称	作用	数量	型号	使用前	使用后
所用仪器仪表	1	万用表	检查、测试电路	1	MF-47		
	2	低压验电笔	检查、测试电路	1			
所用材料	1	导线	连接电路	若干			
	2	尼龙扎带	捆扎导线	若干			
	3	编码套管	保护导线	若干			
	4	尼龙扎带	导线标号	若干			
所用工具	1	剥线钳	剖削导线	1			
	2	电工刀	剖削导线	1			
	3	钢丝钳	剪断导线	1			
	4	斜口钳	剪断导线	1			
	5	螺钉旋具	拆卸、安装元件	1套			
	6	尖嘴钳	拆卸、安装元件	1			
班级		第　组	组长签字		教师签字		

实 施 单

学习领域	电线电缆制造辅助设备		
学习情境	电线电缆制造辅助设备	学时	12
实施方式	小组合作；动手实践		
序号	实施步骤		使用资源
1			
2			
3			
4			
5			
6			
7			
8			
实施说明：			
班级		第　组	组长签字	
			日期	

195

作 业 单

学习领域	电线电缆制造辅助设备		
学习情境	电线电缆制造辅助设备	学时	12
作业方式	资料查询、现场操作		
1	收/放线设备在电线电缆生产中的作用是什么？		
作业解答：			
2	总结收线设备的结构特点。		
作业解答：			
3	结合电路图分析收线设备的工作原理。		
作业解答：			
4	总结放线设备的结构特点。		
作业解答：			
5	结合电路图分析放线设备的工作原理。		
作业解答：			

作业评价	班级		第 组	组长签字		
	学号		姓名			
	教师签字		教师评分		日期	
	评语：					

196

检 查 单

学习领域	电线电缆制造辅助设备			
学习情境	电线电缆制造辅助设备		学时	12
序号	检查项目	检查标准	学生自查	教师检查
1	资讯问题	回答认真、准确		
2	故障现象的观察	观察细致、准确，能够为故障检测提供参考		
3	故障分析	能够读懂电气原理图，故障范围合理、判断准确		
4	故障检测	会用校验灯和万用表检查电线电缆成缆机的电气控制系统		
5	检测仪表的使用	仪表使用正确、合理		
6	维修工具的使用	正确使用维修工具；用后归放原位，摆放整齐		
7	器件的拆卸与安装	拆卸方法正确、安全；修复后，安装符合工艺要求、规范、整齐		
8	通电试车	操作熟练、安全可靠		
9	故障排除	能够排除电气控制系统常见故障		
10	维修记录	记录完整、规范		

实施说明：

班级		第 组	组长签字	
			日期	

评 价 单

学习领域	电线电缆制造辅助设备					
学习情境	电线电缆制造辅助设备			学时		12
评价类别	项目	子项目	个人评价	组内互评	教师评价	
专业能力 （60%）	资讯 （10%）	搜集信息（5%）				
		引导问题回答（5%）				
	计划 （12%）	计划可执行度（5%）				
		检修程序的安排（4%）				
		检修方法的选择（3%）				
	实施 （13%）	遵守机床电气检修 安全操作规程（3%）				
		拆装工艺规范（6%）				
		"6S"质量管理（2%）				
		所用时间（2%）				
	检查 （10%）	全面性、准确性（5%）				
		故障的排除（5%）				
	过程 （5%）	使用工具规范性（2%）				
		检修过程规范性（2%）				
		工具和仪表管理（1%）				
	结果 （10%）	故障排除（10%）				
社会能力 （20%）	团结协作 （10%）	小组成员合作良好 （5%）				
		对小组的贡献（5%）				
	敬业精神 （10%）	学习纪律性（5%）				
		爱岗敬业、吃苦耐劳 精神（5%）				
方法能力 （20%）	计划能力 （10%）	考虑全面、细致有序 （10%）				
	决策能力 （10%）	决策果断、选择合理 （10%）				
评价评语	班级		姓名		学号	总评
	教师签字		第　组	组长 签字		日期
评语：						

198

教学反馈单

学习领域	电线电缆制造辅助设备			
学习情境	电线电缆制造辅助设备	学时		12
序号	调查内容	是	否	理由陈述
1	是否明确本学习情境的学习目标？			
2	是否完成了本学习情境的学习任务？			
3	是否达到了本学习情境的要求？			
4	资讯的问题都能回答吗？			
5	知道收/放线设备的检修流程和检修方法吗？			
6	能够正确识读收/放线设备电气系统的电路图吗？			
7	能否知道收/放线设备的运动情况？			
8	是否可以电气控制系统检查和排除常见的故障？			
9	掌握收/放线设备电气系统的配线工艺和安装工艺吗？（请在下面回答）			
10	本学习情境还应学习哪些方面的内容？			
11	本学习情境学习后，还有哪些问题不明白？哪些问题需要解决？（请在下面回答）			
您的意见对改进教学非常重要，请写出您的建议和意见：				
调查信息	被调查人签名		调查时间	

学习情境 8　电线电缆产品质量检验与测试

本学习情境任务单

学习领域	电线电缆产品质量检验与测试		
学习情境	电线电缆产品质量检验与测试	学时	10
布置任务			
学习目标	☺ 了解电线电缆质量检验测试的意义及相关知识。 ☺ 掌握电线电缆测试的原理和方法。 ☺ 熟悉常用的电线电缆测试设备和仪器。 ☺ 能够对电线电缆测试设备和仪器进行操作，知道设备测试对象、测试目标和测试精度。 ☺ 知道测试设备安全操作的相关规定及检修流程。		
任务描述	现有电线电缆的系列测试设备，调试使其达到正常工作状态。具体任务要求如下所述。 ☺ 认真阅读设备说明书，明确设备的测试测试对象、测试目标和测试精度，熟悉操作流程和步骤。 ☺ 取实验电缆在设备上进行测试检验，观察过程并记录测试数据。 ☺ 取测试数据和相关标准对照，看是否符合要求，分析原因。 ☺ 撰写实验测试报告。		

学时安排	资讯 1 学时	计划 1 学时	决策 1 学时	实施 5 学时	检查 1 学时	评价 1 学时
提供资料	☺ 许昌阳光电缆集团 ☺ 上海起帆电缆公司 ☺ 江苏富川机电公司 ☺ 上海兆年重工集团 ☺ 安徽长江精工电工机械制造有限公司 ☺ 上海鸿得利重工公司 ☺ 东莞市精铁机械有限公司 ☺ 昆山市宏泰机电设备有限公司 ☺ 杭州三普机械有限公司 ☺ 于润伟. 机床电气系统检测与维修[M].北京：高等教育出版社，2009 ☺ 邱彦龙. 机床维修技术问答[M].北京：机械工业出版社，2006 ☺ 周建清. 机床电气控制[M].北京：机械工业出版社，2008					
对学生 的要求	☺ 必须掌握测试设备的常识性知识，能够熟练操作设备。 ☺ 必须学会正确使用电工工具和仪表，并做好维护和保养工作。 ☺ 实施过程中，必须时候注意用电安全，严格遵守安全操作过程。 ☺ 按任务要求，完成测试设备调试。 ☺ 实施过程中，要爱护工具和仪表，若损坏应照价赔偿。 ☺ 严格遵守课堂纪律和工作纪律，不迟到，不早退，不旷课。 ☺ 上课时必须穿工作服，女生应戴工作帽，不许穿拖鞋上课。 ☺ 树立职业意识，并按照企业的"6S"（整理、整顿、清扫、清洁、素养、安全）质量管理体系要求自己。 ☺ 本情境工作任务完成后，需提交学习体会报告，要求另附。					

任务 1　了解电线电缆质量检验基本知识

由于电线电缆的重要性，国家对电线电缆的标准要求都比较严格。但由于电线电缆的生产厂家较多，目前国内电线电缆的质量水平明显低于国外，且劣质的电线电缆充斥市场。就国内某家质检机构对某地区的市场上销售的电线电缆的调查来看，形势不容乐观。即使是通过 ISO9000 认证的电线电缆生产企业，其电线电缆的合格率也在 90% 以下，对于那些规模较小的、没有通过认证的生产企业，其电线电缆的合格率不及 30%。据该质检机构的调查报告称，市场上电线电缆专营店所经销的电线电缆合格率约为 70%，市场上规模较小的五金交电经营店经销的电线电缆的合格率在 10% 以下，部分较落后地区的五金经营店经销的电线电缆甚至 100% 不合格，这些不合格的电线电缆给生产带来严重的安全隐患。究其原因，主要是该部分店面所销售的电线电缆多为三无企业所生产。国家虽然对电线电缆的生产企业强制实行 CCC 认证，但还有很多没有通过 CCC 认证的企业在私下生产不合格的电线电缆。另外，某些不具备 CCC 认证资格的企业通过采用借用实验设备和实验人员的方法获得 CCC 认证，这种企业生产的电线电缆大多不合格。所以，用户在采购电线电缆时，一定要选用正规的、有一定知名度的、通过国家强制认证的电线电缆。

目前，国内开展电器检测项目的质检机构，基本上都有电线电缆的检测项目。目前市场上的电线电缆，其不合格项目涉及标准要求的各个方面，主要是电性能试验，特别是直流电阻和绝缘电阻；另外，其外形尺寸和标志的不合格率也很高。

任务 2　学习电线电缆测试方法

电线电缆为国家 CCC 强制认证产品，国家标准对其检验项目有详细的说明，包括有电性能、机械性能、阻燃性能等。质检机构对电线电缆的检测主要是电性能方面。电性能的试验主要包括导体直流电阻试验、绝缘电阻试验、工频耐压试验、冲击电压试验等。

1. 直流电阻试验

直流电阻试验即测量电线电缆的导电性能。电线电缆的直流电阻能反映出线芯材料的好坏和线径的粗细。在一定横截面积的线径下，导体的材料决定了导体的直流电阻。标准中规定了导体在 20℃ 时的电阻最大值，单位是 Ω/km，也就是说标准是以每千米的导体电阻为基准作比较的，所测得的电线电缆的直流电阻值首先要换算成 20℃ 下每千米的直流电阻值，换算公式为

$$R_{20} = \frac{Rx}{1 + a_{20}(t - 20)} \cdot \frac{1000}{L} \tag{8-1}$$

式中，R_{20} 为 20℃ 时每千米长度电阻值，Ω/km；Rx 为试样电阻值，Ω；L 为试样的测量长度，m；t 为测量时的环境温度，℃；α_{20} 为导体材料 20℃ 时的电阻温度系数，1/℃。

如果 R_{20} 小于标准规定值，则该样品电线合格，否则为不合格。对电线电缆直流电阻的测量，目前主要使用两种方法，即电桥法和电流法。电桥法分为惠斯顿电桥法和开尔文电桥法。惠斯顿电桥法用来测 1Ω 以上的电阻，开尔文电桥法用来测 1Ω 以下的电阻。电流法则可以根据预测量电阻的不同采用不同的电流，测量范围比较宽。利用开尔文电桥法和电流法测量电阻

时，多采用4端子测量夹具，可消除因测试线电阻和接触电阻对测量造成的影响。惠斯顿电桥如图8-1所示，开尔文电桥如图8-2所示。

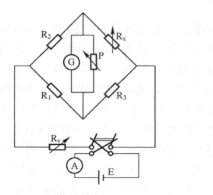

图8-1 惠斯顿电桥

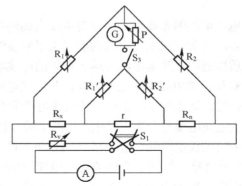

图8-2 开尔文电桥

图8-1和图8-2中，E—直流电源；A—电流表；G—检流计；P分流器；R_n—标准电阻；R_v—变阻器；R_1，R_1'，R_2，R_2'，R_3—电桥桥臂电阻；R_x—被测电阻；S_3—检流计开关；S_1—直流电源开关；r—跨线电阻。

利用开尔文电桥进行测量时，试样电阻按下式计算：

$$R_x = R_n \cdot \frac{R_1}{R_2} \tag{8-2}$$

式中，R_x为试样电阻值，Ω；R_n为标准电阻值，Ω；R_1，R_2为电桥平衡时的桥臂电阻值，Ω。

利用惠斯顿电桥进行测量时，试样电阻按下式计算：

$$R_x = R_3 \cdot \frac{R_1}{R_2} \tag{8-3}$$

式中，R_x为试样电阻值，Ω；R_1，R_2，R_3为电桥平衡时的桥臂电阻值，Ω。

电流法即微欧计法，它采用4端子测量夹具，根据电阻值的大小使恒流源输出不同的恒定电流，然后测量被测试样两端的电压，根据欧姆定律计算出试样的电阻。

2. 绝缘电阻

绝缘电阻即电线电缆的绝缘性能。电线电缆的绝缘电阻测量的是正常工作条件下，电线电缆的漏电流。标准规定的低压电线电缆绝缘电阻的测量电压为 100V、250V、500V 和 1000V，质检机构采用的多为 100V 和 500V，所取试样多为 10m。标准中规定的导线最小绝缘电阻值为 $M\Omega \cdot km$，所以测量值还要按下式换算成每千米的绝缘电阻值（和直流电阻不同，电线电缆的绝缘电阻和长度成反比）。

$$R_L = R_x L$$

式中，R_L为每千米长度绝缘电阻值；$M\Omega \cdot km$；L 为试样有效测量长度，km；R_x 为试样绝缘电阻值，$M\Omega$。

测量电线电缆的绝缘电阻时，对于金属护套电缆、屏蔽型电缆或铠装电缆试样，单芯者应测量导体对金属套、屏蔽层或铠装层之间的绝缘电阻；多芯者应分别就每个导体对其余线芯与金属套、屏蔽层或铠装层连接进行测量。非金属护套电缆、非屏蔽电缆或无铠装层的

204

电缆试样，应浸入水中，单芯者测量导体对水之间的绝缘电阻；多芯者应就每个导体对其余线芯与水连接进行测量。按照标准规定，浸入水中测量时要和水浴相配套，测量前一般要先在 70℃ 的水中保持 2h 再测量。

绝缘电阻的测量一般采用电压－电流法，即高阻计法。测量方法如图 8-3 所示。

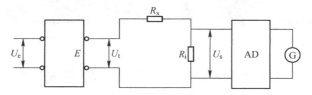

图 8-3　电压－电流法测量系统接线原理图

图中，E－直流电源；AD－高阻抗直流放大器；G－检流计；R_i－直流放大器输入电阻；R_x－试样绝缘电阻；U_e－交流输入电源电压；U_t－直流输出电压；U_s－放大器输入电阻压降。

由图 8-3 可知，绝缘电阻可按下式计算：

$$R_x = R_i \cdot \frac{U_t}{U_s}　　　　　　　　　　　　　　　　　(8-4)$$

式中，R_x 为试样绝缘电阻，MΩ；U_t 为直流输出电压，V；R_i 为输入电阻，MΩ；U_s 为 R_i 的压降，V。

3．工频耐压试验

工频耐压试验即交流电压试验。按照标准规定，试验电压应是交流 49～61Hz 的近似正弦波。对于额定电压为 450/750V 的电线电缆，绝缘厚度为 0.6mm 及以下的采用 1500V 的高压，对于绝缘厚度为 0.6mm 以上的采用 2000V 高压，加压时间均为 5min，不发生击穿和闪络则该试样通过。

4．外形尺寸和标志

除电性能外，电线电缆的外形尺寸和标志不合格的比例也很高。电线电缆的尺寸主要是电线电缆的绝缘厚度和外径尺寸必须符合标准的要求。在对电线电缆的抽查中发现，因电线电缆的标志不合格在电线电缆不合格的原因中占有很大的比例。特别是一些不太正规的企业，其标志项不合格率达 70%。标准中规定，电线电缆的标志要有连续性、耐擦性，并具有一定的清晰度，产品标志应有型号、规格和标准号。标志的连续性即一个完整标志的末端与下一个标志的始端之间的距离：护套应不超过 500mm，绝缘应不超过 200mm。数字标志应沿着绝缘线芯以相等的间隔重复出现，相邻两组数字标志应彼此颠倒，相邻两组数字标志的间距应不大于 50mm。

任务 3　认知电线电缆测试仪器与设备

图 8-4 所示为 QJ57 电桥，适用于 0.1Ω 以上导体直流电阻的测试。

图 8-5 所示为高阻计，适用于绝缘材料体积电阻率及产品的绝缘电阻测试。

图 8-4　QJ57 电桥

图 8-5　高阻计

图 8-6 所示为投影仪，适用于绝缘和护套厚度的测试。图 8-7 所示为分析天平，适用于材料比重、90°护套热失重及钢带锌层质量的测试。

图 8-6　投影仪

图 8-7　分析天平

图 8-8 所示为直流电阻电桥，适用于导体直流电阻的在线检测。

图 8-8　直流电阻电桥

图 8-9 所示为拉力试验机（1），适用于绝缘和护套材料抗张强度和断裂伸长率的测试。图 8-10 所示为拉力试验机（2），适用于导体抗张强度和拉断力的试验。

图 8-9 拉力试验机（1）

图 8-10 拉力试验机（2）

图 8-11 所示为电子数显拉力试验机，适用于绝缘和护套材料抗张强度和断裂伸长率的测试。图 8-12 所示为伸长率测试仪，适用于小直径导体的拉力试验。

图 8-11 电子数显拉力试验机

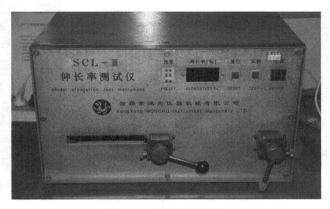
图 8-12 伸长率测试仪

图 8-13 所示为老化试验箱，适用于绝缘和护套材料的热老化试验。图 8-14 所示为热延伸试验烘箱，适用于交联聚乙烯绝缘材料的交联度试验。

图 8-13 老化试验箱

图 8-14 热延伸试验烘箱

图 8-15 所示为混炼机和平板硫化机，适用于绝缘和护套材料的物理机械性能试验的制样。

图 8-15　混炼机和平板硫化机

图 8-16 所示为火花试验机，适用于绝缘和钢带铠装护套的在线火花检验。图 8-17 所示为 SIKORA 测偏仪，适用于 3 层共挤交联绝缘线芯厚度及偏芯度的在线检测。

图 8-16　火花试验机

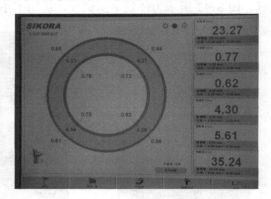

图 8-17　SIKORA 测偏仪

图 8-18 所示为局部放电、高压试验装置，适用于电缆的局部放电及耐压试验。

图 8-18　局部放电、高压试验装置

图 8-19 所示为拖磨试验仪，适用于电线电缆的耐拖磨性能测试。图 8-20 所示为刮磨试验仪，适用于电线电缆的耐刮磨性能的测试。

图 8-19　拖磨试验仪

图 8-20　刮磨试验仪

图 8-21 所示为熔体流动速率测试仪，适用于聚乙烯材料的熔融指数的测试。图 8-22 所示为精密恒温油浴槽，适用于电线电缆的耐溶剂性能的测试。

图 8-21　熔体流动速率测试仪

图 8-22　精密恒温油浴槽

图 8-23 所示为高温压力试验装置，适用于电线电缆的耐高温压力测试。图 8-24 所示为成束燃烧试验装置，适用于阻燃电线电缆的燃烧试验。

图 8-23　高温压力试验装置

图 8-24　成束燃烧试验装置

图 8-25 所示为氧指数测定仪，适用于电线电缆的绝缘和护套材料的需氧量试验。

图 8-25　氧指数测定仪

图 8-26 所示为单根垂直燃烧试验装置，适用于单根电缆的垂直燃烧试验。图 8-27 所示为耐火特性燃烧试验装置，适用于电线电缆的耐火性能试验。

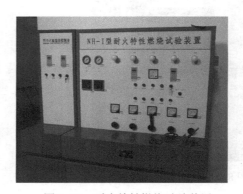

图 8-26　单根垂直燃烧试验装置　　　　　　图 8-27　耐火特性燃烧试验装置

图 8-28 所示为塑料超低温脆性试验仪，适用于电线电缆的超低温脆性测试。图 8-29 所示为低温试验箱，适用于电线电缆的低温性能测试。

图 8-28　塑料超低温脆性试验仪　　　　　　图 8-29　低温试验箱

210

附　录　A

A.1　常用电缆型号及命名方法

A.1.1　电缆型号命名原则

电线电缆的完整命名通常较为复杂，通常是一个类别的名称结合型号规格来代替完整的名称，如"低压电缆"代表 0.6/1kV 级的所有塑料绝缘类电力电缆。

1. 型号组成顺序

【用途代码】　不标为电力电缆，"K"表示控制缆，"P"表示信号缆。

【绝缘代码】　"Z"表示油浸纸，"X"表示橡胶，"V"表示聚氯乙烯，"YJ"表示交联聚乙烯。

【导体材料代码】　不标为铜，"L"表示为铝。

【内护层代码】　"Q"表示铅包，"L"表示铝包，"H"表示橡套，"V"表示聚氯乙烯护套。

【派生代码】　"D"表示不滴流，"P"表示干绝缘。

【外护层代码】

【特殊产品代码】　"TH"表示湿热带，"TA"表示干热带。

【额定电压】　单位 kV。

电缆型号通常按上述顺序命名，有时为了强调重要或附加特征，将特征写到前面或相应的结构描述前。

2. 结构描述的顺序

产品结构描述按从内到外的原则是导体→绝缘→内护层→外护层→铠装形式。

【导体类别】

☺ H——市内通信电缆。

☺ HP——配线电缆。

☺ HJ——局用电缆。

【绝缘】

☺ Y——实心聚烯烃绝缘。

☺ YF——泡沫聚烯烃绝缘。

☺ YP——泡沫／实心皮聚烯烃绝缘。

【内护层】

☺ A——涂塑铝带粘接屏蔽聚乙烯护套。

☺ S——铝、钢双层金属带屏蔽聚乙烯护套。

☺ V——聚氯乙烯护套。

【特征】

☺ T——石油膏填充。

☺ G——高频隔离。

☺ C——自承式。

【外护层】

☺ 23——双层防腐钢带绕包销装聚乙烯外被层。

☺ 33——单层细钢丝铠装聚乙烯被层。

☺ 43——单层粗钢丝铠装聚乙烯被层。

☺ 53——单层钢带皱纹纵包铠装聚乙烯外被层。

☺ 553——双层钢带皱纹纵包铠装聚乙烯外被层。

3．简化

在不引起混淆的情况下，有些结构描述可以省略或简写，如汽车线、软线中不允许用铝导体，故不描述导体材料。

A.1.2　电缆型号案例解析

额定电压 8.7/15kV 阻燃铜芯交联聚乙烯绝缘钢带铠装聚氯乙烯护套电力电缆，与之对应的型号写为 ZR-YJV22-8.7/15，说明如下：

☺ 额定电压 8.7/15kV——使用场合/电压等级。

☺ 阻燃——强调的特征。

☺ 铜芯——导体材料。

☺ 交联聚乙烯绝缘——绝缘材料。

☺ 钢带铠装——铠装层材料及形式（双钢带间隙绕包）。

☺ 聚氯乙烯护套——内外护套材料（内外护套材料均一样，省略内护套材料）。

☺ 电力电缆——产品的大类名称。

A.1.3　电线电缆规格型号的含义

【SYV】 实心聚乙烯绝缘射频同轴电缆。

【SYWV(Y)】 物理发泡聚乙绝缘有线电视系统电缆，视频（射频）同轴电缆（SYV、SYWV、SYFV）适用于闭路监控及有线电视工程。

【SYWV（Y）、SYKV】 有线电视、宽带网专用电缆结构。

【信号控制电缆（RVV 护套线、RVVP 屏蔽线）】 适用于楼宇对讲、防盗报警、消防、自动抄表等工程。RVVP 表示铜芯聚氯乙烯绝缘屏蔽聚氯乙烯护套软电缆，电压 300V/300V2-24芯，用于仪器、仪表、对讲、监控、控制安装。

【RG】 物理发泡聚乙烯绝缘接入网电缆，用于同轴光纤混合网（HFC）中传输数据模拟信号。

【KVVP】 聚氯乙烯护套编织屏蔽电缆，用于电器、仪表、配电装置的信号传输、控制、测量。

【RVV（227IEC52/53）】 聚氯乙烯绝缘软电缆，用于家用电器、小型电动工具、仪表及动力照明。

【AVVR】 聚氯乙烯护套安装用软电缆。

【SBVV HYA】 数据通信电缆（室内、外），用于电话通信及无线电设备的连接，以及电话配线网的分线盒接线用。

【RV、RVP】 聚氯乙烯绝缘电缆。

【RVS、RVB】 适用于家用电器、小型电动工具、仪器、仪表及动力照明连接。

【BV、BVR】 聚氯乙烯绝缘电缆，适用于电器仪表设备及动力照明固定布线。

【RIB】 音箱连接线（发烧线）。

【KVV】 聚氯乙烯绝缘控制电缆，用于电器、仪表、配电装置信号传输、控制、测量。

【SFTP】 双绞线，用于传输电话、数据及信息网。

【UL2464】 计算机连接线。

【VGA】 显示器连接线。

【SYV】 同轴电缆，用于无线通信、广播、监控系统工程和有关电子设备中传输射频信号（含综合用同轴电缆）。

【SDFAVP、SDFAVVP、SYFPY】 同轴电缆，电梯专用。

【JVPV、JVPVP、JVVP】 铜芯聚氯乙烯绝缘及护套铜丝编织电子计算机控制电缆。

A.2 电线电缆主要生产设备、型号及厂家

序　号	设 备 名 称	设 备 型 号	制 造 厂 商
1	连退铜大拉丝机	LH450/13	上海鸿得利机械制造有限公司
2	高速铝大拉丝机	LHD450/13	上海电工机械有限公司
3	中拉丝机	LH350/15	上海鸿得利机械制造有限公司 上海电工机械有限公司
4	小拉丝机	LH200/17	上海电工机械有限公司
5	微拉丝机	24VX	安徽恒正线缆科技有限公司
6	退火炉	RJ—90—3	苏州东升电炉厂
7	铜软化罐	φ900	宜兴压力容器厂
8	框式绞线机	JLK500/6+12	上海鸿得利机械制造有限公司
9	框式绞线机	JLK500/6+12+18	上海鸿得利机械制造有限公司
10	框式绞线机	JLK500/6+12+18+24	上海鸿得利机械制造有限公司 合肥神马科技有限公司
11	框式绞线机	JLK630/6+12+18+24+30	合肥神马科技有限公司
12	框式绞线机	JLK630/6+12+18	合肥神马科技有限公司 上海鸿得利机械制造有限公司
13	叉式绞线机	12+18+24/500	江苏徐州红旗机械厂
14	盘式绞线机	JLP400/6+12+18	瑞安市先锋电工机械厂
15	管式绞线机	6GJ—200	东方电工机械厂
16	管式绞线机	6GJ—400	东方电工机械厂
17	管式绞线机	12GJ—200	合肥华新电工有限公司
18	管式绞线机	12GJ—400	东方电工机械厂

序 号	设 备 名 称	设 备 型 号	制 造 厂 商
19	笼式绞线机	JL400/6+12+18	芜湖电工机械有限公司
20	笼式绞线机	JL500/6+12	芜湖电工机械有限公司
21	束丝机	DX—400	德阳东方电工机械厂
22	束丝机	SX250	上海启明电工机械厂
23	对绞机	DJ/400	上海启明电工机械厂
24	对绞机	ϕ630	上海鸿得利机械制造有限公司
25	3层共挤干法交联	6～35kV	青岛兴乐电工机械有限公司
26	3层共挤干法交联	6～35kV	青岛兴乐电工机械有限公司
27	3层共挤半悬链式 干法交联生产线	35kV	白城福佳机械制造有限公司
28	挤塑生产线	SJ45	瑞安市电工机械厂 青岛兴乐电工机械有限公司
29	挤塑生产线	SJ85	南京工艺电缆设备厂 青岛兴乐电工机械有限公司
30	挤塑生产线	SJ90	南京工艺电缆设备厂 青岛兴乐电工机械有限公司
31	挤塑生产线	SJ120	南京工艺电缆设备厂 青岛兴乐电工机械有限公司 上海电工机械厂
32	挤塑生产线	SJ150	南京工艺电缆设备厂 青岛兴乐电工机械有限公司
33	挤塑生产线	SPV150/25	南京工艺电缆设备厂
34	单分支注塑机	—	上海塑料机械厂
35	多分支注塑机	YFZ6000	青岛沃克机械制造有限公司
36	氟塑料挤出机	GSJ45×25 或 65×25	安庆市高新塑料机械厂
37	挤塑生产线	SJN—Z65/120—Q	南京工艺电缆设备厂
38	挤橡生产线	L65	上海东沟机械厂
39	挤橡生产线	ϕ90/ϕ65	合肥华新电工有限公司
40	连硫机组	L115	上海东沟机械厂
41	连流机组	L150	上海东沟机械厂
42	70连硫挤塑机组	LJS ϕ70	上海东沟机械厂
43	150连硫挤塑机组	LJS ϕ150	上海东沟机械厂
44	炼胶生产线	XN—75×30+XK—560	大连橡塑机械厂
45	炼胶生产线	—	大连橡塑机械厂
46	天然丁苯胶连硫生产线	ϕ120+90	大连橡塑机械厂
47	铜带屏蔽机	PB630	浙江平湖机床厂
48	钢带铠装机	ϕ800	湖北黄石长东机械厂
49	钢带铠装机	ϕ630	湖北黄石长东机械厂
50	数控式高速纸包机	SGS—500	湖北黄石长东机械厂
51	金属编织机	JB—1	杭州三普机械有限公司

序　号	设　备　名　称	设　备　型　号	制　造　厂　商
52	高速编织机	BZ—16#	江苏徐州红旗机械有限公司
53	高速编织机	BZ—24#	杭州三普机械有限公司
54	32锭高速编织机	GSB—2	上海南洋电工器材有限公司
55	36锭高速编织机	—	上海南洋电工器材有限公司
56	绕包机	LRBJ	上海南洋电工器材有限公司
57	绕包机	TRBL—630	北京金信世纪电工机械有限公司
58	盘绞成缆机	JPD—4000	合肥电工机械有限公司
59	盘绞成缆机	JPD—3500	浙江华灵机械厂
60	成缆机组	LCJ3+2	浙江华灵机械厂
61	成缆机组	LCJ1+6	浙江华灵机械厂
62	成缆机组	CL1000/630	合肥电工机械厂
63	高速控缆成缆机	JLY500/3+3	芜湖电工机械厂
64	复绕机	400	江苏宜兴电工机械厂
65	复绕机	500	江苏宜兴电工机械厂
66	复绕机	1250	江苏宜兴电工机械厂
67	复绕机	1600	江苏宜兴电工机械厂
68	全钢电缆周转盘	ϕ1.6m	扬州红日制盘厂
69	全钢电缆周转盘	ϕ2.6m	扬州红日制盘厂
70	全钢电缆周转盘	ϕ2.0m	扬州红日制盘厂
71	全钢电缆周转盘	ϕ2.2m	扬州红日制盘厂
72	全钢电缆周转盘	ϕ3.0m	扬州红日制盘厂
73	全钢电缆周转盘	ϕ3.2m	扬州红日制盘厂
74	成卷机	GCJ100/630	巩义市腾达真空设备厂
75	成卷机	HZ1250	上海横智机电第一分公司
76	成卷机	—	上海卡孚神光公司
77	成卷机	—	上海横智机电第一分公司
78	成卷机	—	上海横智机电第一分公司
79	喷码机	VIDEOJET6800	美国伟迪捷公司
80	叉车	3T	杭州叉车厂
81	叉车	3.5T	杭州叉车厂
82	叉车	6T	杭州叉车厂
83	叉车	10T	杭州叉车厂
84	空压机组	—	上海柯索压缩机有限公司
85	空压机组	—	无锡压缩机股份有限公司
86	空压机组	—	常州森普压缩机有限公司

A.3 主要电线电缆产品的生产设备和检测设备

1. 架空绞线产品必备的生产设备与检测设备

序　号	产 品 名 称	必备的生产设备、工艺装备	必备的检测设备
1	架空绞线	拉丝机； 绞线机； 铝包钢线连续挤压/连续包覆生产线； 铝合金线时效设备； 轧头穿模机； 焊接设备（采用电阻对焊时应配退火装置）； 穿线管； 并线模； 机用线盘、交货用线盘。	1. 导体电阻测试仪； 2. 金属材料试验机； 3. 线材卷绕试验仪； 4. 附着性试验装置； 5. 锌层质量试验装置； 6. 蝶式引伸仪； 7. 扭转试验机； 8. 精密天平； 9. 游标卡尺。

2. 漆包圆绕组线产品必备的生产设备与检测设备

序　号	产 品 名 称	必备的生产设备、工艺装备	必备的检测设备
1	漆包圆绕组线	拉丝机； 拉丝模； 退火炉； 调漆釜； 漆包机； 漆包模具； 焊接设备（采用电阻对焊时应配退火装置）； 机用线盘、交货用线盘。	1. 导体电阻测试仪； 2. 伸长率测试仪； 3. 回弹测试仪； 4. 软化击穿试验仪； 5. 单向刮漆仪； 6. 恒温器； 7. 电压试验仪； 8. 卷绕试验装置； 9. 烘箱； 10. 放大镜； 11. 漆膜连续性试验仪； 12. 急拉断试验仪； 13. 剥离试验仪； 14. 焊锡试验仪； 15. 热粘合试验装置； 16. 耐冷冻剂试验装置； 17. 金属拉力试验机； 18. 4 号粘度杯； 19. 天平； 20. 秒表； 21. 微米千分尺。

3. 塑料绝缘控制电缆产品必备的生产设备与检测设备

序　号	产 品 名 称	必备的生产设备、工艺装备	必备的检测设备
3	塑料绝缘控制电缆	拉丝机； 退火炉； 束线机； 塑料挤出机； 成缆机； 铠装机； 钢带焊接机； 金属纺织机； 印字机； 印字轮； 成缆机导线模具； 机用线盘； 交货用线盘。	1. 导体电阻测试仪； 2. 交流电压试验仪； 3. 非金属材料拉力试验机； 4. 削片机； 5. 冲片机； 6. 投影仪； 7. 火花机。

4. 额定电压 1～35kV 挤包绝缘电力电缆产品必备的生产设备与检测设备

序 号	产 品 名 称	必备的生产设备、工艺装备	必备的检测设备
3	额定电压 1～35kV 挤包绝缘电力电缆	1. 拉丝机; 2. 退火炉; 3. 绞线机; 4. 塑料挤出机; 5. 成缆机; 6. 铠装机; 7. 钢带焊接机; 8. 印字机; 9. 印字轮; 10. 机用线盘; 11. 交货用线盘。	1. 导体电阻测试仪; 2. 交流电压试验仪; 3. 成盘电缆局部放电检测装置; 4. 热延伸试验装置; 5. 200℃空气老化试验箱; 6. 半导体电阻测试仪; 7. 非金属材料拉力试验机; 8. 削片机; 9. 冲片机; 10. 投影仪。

5. 架空绝缘电缆（1kV、10kV、35kV）产品必备的生产设备与检测设备

序 号	产 品 名 称	必备的生产设备、工艺装备	必备的检测设备
5	架空绝缘电缆 （1kV、10kV、35kV）	1. 拉丝机; 2. 退火炉; 3. 绞线机; 4. 塑料挤出机; 5. 成缆机; 6. 印字机; 7. 印字轮; 8. 机用线盘; 9. 交货用线盘。	1. 导体电阻测试仪; 2. 交流电压试验仪; 3. 成盘电缆局部放电检测装置; 4. 热延伸试验装置; 5. 200℃空气老化试验箱; 6. 绝缘电阻测试仪; 7. 非金属材料拉力试验机; 8. 削片机; 9. 冲片机; 10. 投影仪; 11. 拉力试验机（10T）。

6. 电线电缆产品的产品单元、抽样单元及型号

序 号	产品单元名称		单 元 名 称	执 行 标 准
1	架空绞线	1	铝绞线	GB/T 1179—2008
			钢芯铝绞线	
			防腐型钢芯铝绞线	
		2	铝合金绞线	
			钢芯铝合金绞线	
			铝合金芯铝绞线	
		3	铝包钢绞线	
			铝包钢芯铝绞线	
			铝包钢芯铝合金绞线	
		4	钢绞线	
2	漆包圆绕组线	1	聚酯漆包铜圆线	GB/T 6109.2—2004 GB/T 6109.7—2004
		2	高强度缩醛漆包铜圆线	GB/T 6109.3—2002
		3	直焊性聚氨酯漆包铜圆线	GB/T 6109.4—2002
		4	聚酯亚胺漆包铜圆线	GB/T 6109.5—2004
		5	聚酰亚胺漆包铜圆线	GB/T 6109.6—2004
		6	热粘合或溶剂粘合聚酯漆包铜圆线	GB/T 6109.8—2001
		7	热粘合或溶剂粘合直焊性聚氨酯漆包铜圆线	GB/T 6109.9—2006
		8	180级聚酯亚胺/聚酰胺复合漆包铜圆线	GB/T 6109.10—2008
		9	200级聚酯亚胺/聚酰胺酰亚胺复合漆包铜圆线	GB/T 6109.11—2008

序 号	产品单元名称		单 元 名 称	执 行 标 准
3	塑料绝缘控制电缆		聚氯乙烯绝缘控制电缆	GB 9330—2002
4	额定电压 1kV 和 3 kV 挤包绝缘电力电缆	1	额定电压 1kV 和 3 kV 聚氯乙烯绝缘电力电缆	GB/T 12706.1—2002
		2	额定电压 1kV 和 3 kV 交联聚乙烯绝缘电力电缆	
		3	额定电压 1kV 和 3 kV 乙丙橡胶绝缘电力电缆 额定电压 1kV 和 3 kV 硬乙丙橡胶绝缘电力电缆	
5	额定电压 6kV 和 3 kV 挤包绝缘电力电缆	1	额定电压 6kV 和 30 kV 电力电缆	GB/T 12706.2—2002
		2	额定电压 35 kV 电力电缆	GB/T 12706.3—2002
6	架空绝缘电缆	1	1kV 聚氯乙烯架空绝缘电缆	GB 12527—2004
		2	10kV、35 kV 架空绝缘电缆	GB 14049—2004

反侵权盗版声明

　　电子工业出版社依法对本作品享有专有出版权。任何未经权利人书面许可，复制、销售或通过信息网络传播本作品的行为；歪曲、篡改、剽窃本作品的行为，均违反《中华人民共和国著作权法》，其行为人应承担相应的民事责任和行政责任，构成犯罪的，将被依法追究刑事责任。

　　为了维护市场秩序，保护权利人的合法权益，本社将依法查处和打击侵权盗版的单位和个人。欢迎社会各界人士积极举报侵权盗版行为，本社将奖励举报有功人员，并保证举报人的信息不被泄露。

举报电话：（010）88254396；（010）88258888
传　　真：（010）88254397
E-mail：dbqq@phei.com.cn
通信地址：北京市海淀区万寿路 173 信箱
　　　　　电子工业出版社总编办公室
邮　　编：100036

《电线电缆制造设备电气控制原理及应用》

读者调查表

尊敬的读者：

欢迎您参加读者调查活动，对我们的图书提出真诚的意见，您的建议将是我们创造精品的动力源泉。为方便大家，我们提供了两种填写调查表的方式：

1. 您可以登录 http://yydz.phei.com.cn，进入"客户留言"栏目，将您对本书的意见和建议反馈给我们。

2. 您可以填写下表后寄给我们（北京市海淀区万寿路 173 信箱电子信息出版分社　邮编：100036）。

姓名：_____　　性别：□ 男 □ 女　年龄：_____　　职业：_____

电话（寻呼）：_____　E-mail：_____

传真：_____　通信地址：_____

邮编：_____

1. 影响您购买本书的因素（可多选）：

　□封面封底　　□价格　　　□内容简介、前言和目录　□书评广告　□出版物名声

　□作者名声　　□正文内容　□其他 _____

2. 您对本书的满意度：

从技术角度　　　　□很满意　　□比较满意　　□一般　　□较不满意　□不满意

从文字角度　　　　□很满意　　□比较满意　　□一般　　□较不满意　□不满意

从排版、封面设计角度　　　□很满意　　　□比较满意　　□一般　　　□较不满意

　　　　　　　　　　　　　□不满意

3. 您最喜欢书中的哪篇（或章、节）？请说明理由。

_____

_____

4. 您最不喜欢书中的哪篇（或章、节）？请说明理由。

_____

_____

5. 您希望本书在哪些方面进行改进？

_____

_____

6. 您感兴趣或希望增加的图书选题有：

_____

_____

邮寄地址：北京市海淀区万寿路 173 信箱电子信息出版分社　张剑　收　邮编：100036

编辑电话：（010）88254450　　E-mail：zhang@phei.com.cn